新装
復刊

パリティブックス　パリティ編集委員会 編（大槻義彦責任編集）

いまさら
量子力学？

町田 茂・原 康夫・中嶋貞雄 著

丸善出版

本書は，1990年に発行したものを，新装復刊したものです．

目　次

1　量子力学とは何か？

ミクロの自然

後の時代が二〇世紀を特徴づけるとき、そのメルクマールの一つは「量子力学が確立した時代」ということであるに違いない。自然科学の理論の歴史で見るとき、量子力学はそれほど特異な性格をもっている。特異というのは、一つにはそこに理論として昇華した物質の性質が、それまで物質というものは必ずこういう性質をもつとして疑われることのなかった、多くの基本的な性質に反するからである。またもう一つは論理としての枠組みが、それまでの自然科学の理論とは、非常に違うからである。

このように重要な量子力学が、なぜ二〇世紀になるまで、その必要性を感じられなかったかというと、それは人間が経験し実験できる領域が、基本的には日常的な経験あるいはその延長の範囲に限られていたからである。

この領域の物理学の理論は、ニュートン力学やマクスウェルの電磁気学など、古典物理学とよばれるものであって、ここで使われる概念は、私たちがふだん使う日常言語あるいはそれを精密にしたものに属している。このことは、この領域で物質が示す性質が私たちの生れてからの日常的な経験と、それによってつちかわれた感覚と概念とで、把握できることを意味している。そして私たちは、このことは物質の探究をどんな領域にまで推し進めても成り立つことである、と信じていた。

しかし、そうではなかった。人間が経験しうる領域がミクロにまで進むと、自然は思いもかけない様相を見せはじめた。それは、私たちの日常的な経験と矛盾し、したがって、いままで人間がもっている言葉では表現しにくいものであった。

それを理論として把握したのが量子力学である。なおふつう、量子力学というときは、対象をミクロの「粒子」の系としたときを意味し、対象を「場」としたときを場の量子論といっているが、理論の構造はどちらもまったく同じである。

量子現象はミクロの領域では必ず現れるが、ミクロに限られるわけではない。マクロの物体は、すべてミクロの粒子からできているから、ミクロの粒子に量子力学を適用しなければならないとすれば、マクロの物体が示す性質も結局は、量子力学によって説明しなければならないはずである。

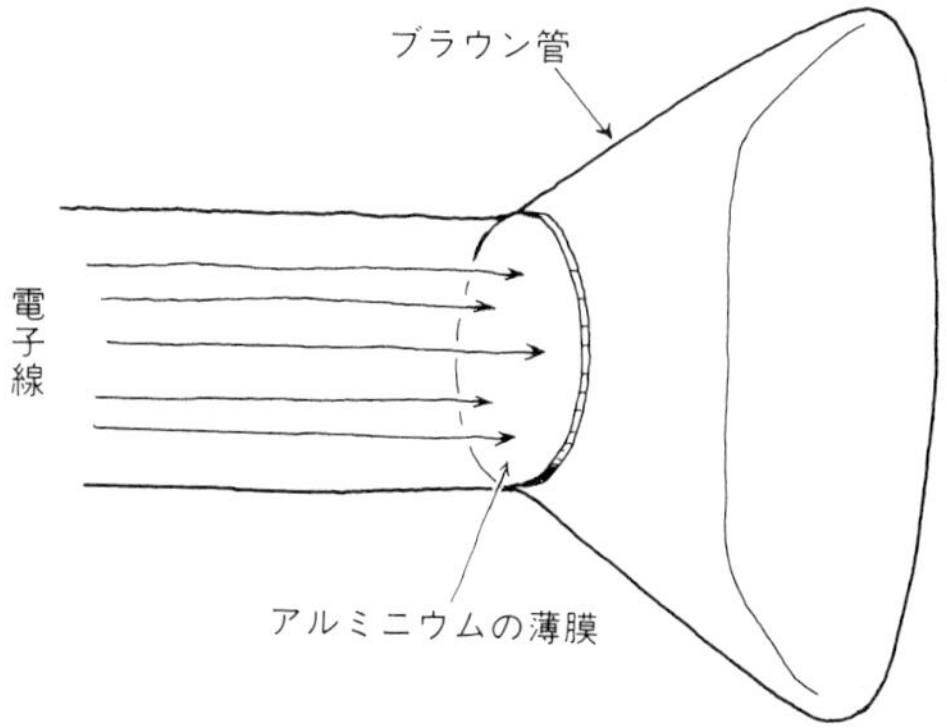

▲図１　多結晶薄膜による電子線回折

あとで述べるように、量子力学の考え方の正しさは最近の実験によって、疑う余地なく確かめられたといってよい。したがって、日常的な経験あるいはその延長の理論である古典物理学の考え方を――いかにそれが自明のように見えようとも――基礎において量子論を理解しようとするのは逆向きなのである。反対に、量子論の考え方をもとにして、マクロの領域の多くの現象でなぜ古典物理学が成り立つように見えるのか、マクロの領域でどういう条件をつくり出せば量子現象が現れるのかを調べる方向に研究の方向を向けなければならない時期にきているといえる。

粒子であって波動

量子力学と古典物理学とでは、基本的な概念が非常に違っている。それは、人間が経験する領域によって、出現する物質自身の性質が違うことにもとづいている。

それを見るには、なるべく単純な対象を単純な状況に

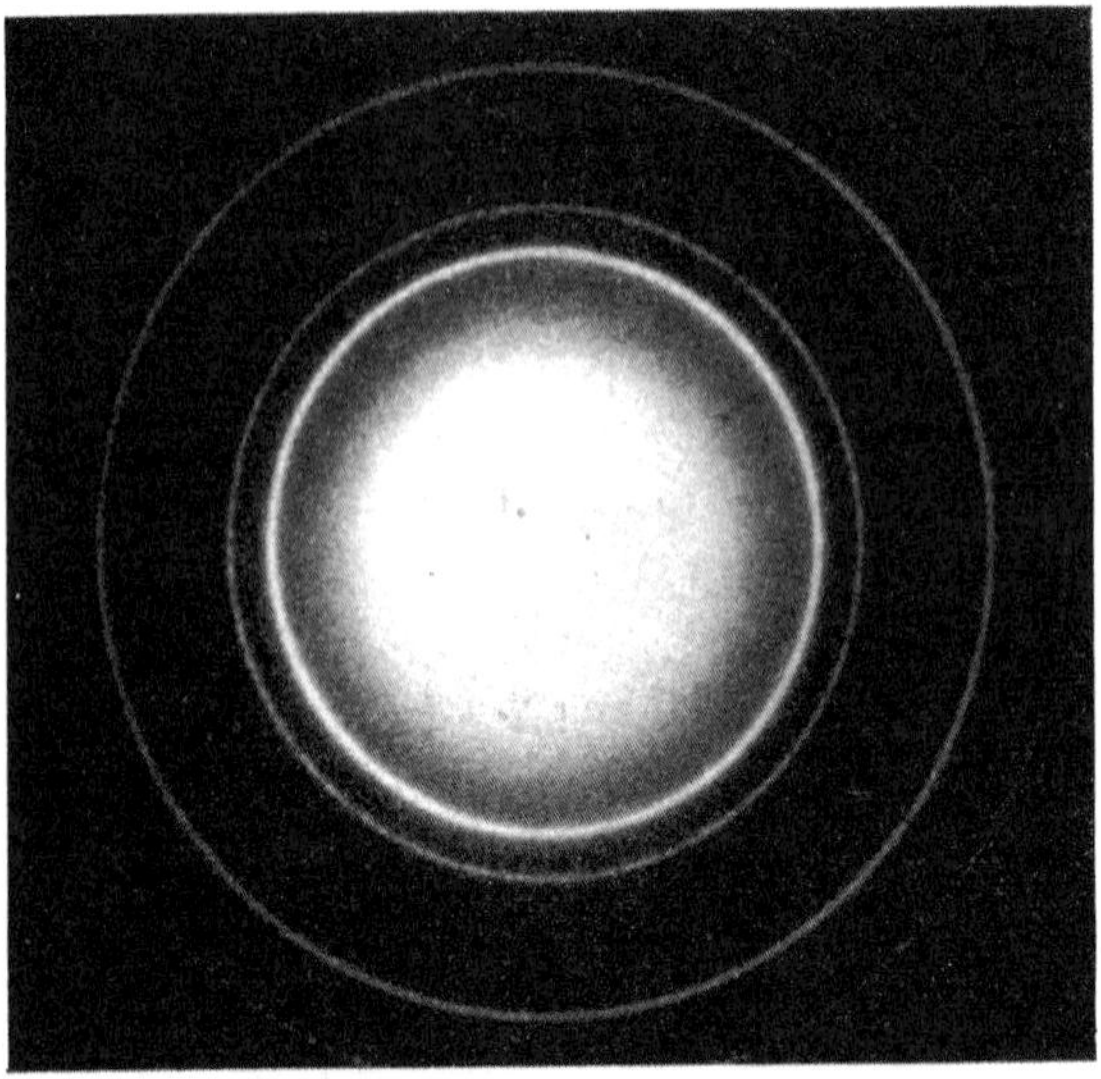

▲図2　電子線回折図形

おくのがよい。

図1はアルミニウムの薄膜を蒸着させたものを結晶格子として、それによる電子線の回折像をブラウン管上に描かせる実験の略図である。図2はその回折像であって、この図は光の回折と同じように、電子線が一定の波長の波であって、結晶格子点から出る波の干渉の効果が現れたことを示している。

ここで電子線ビームの強度をだんだん弱くしてゆくと、電子が波であるならば、回折像は乱れることなく、ただ一様に薄くなるだけのはずである。ところが実験をしてみると、初めはたしかにそうなるのだが、さらに強度を弱くしてゆくと、回折像はとぎれとぎれの点の集まりに変わり、図3のようになる。図3をみると、電子は波では

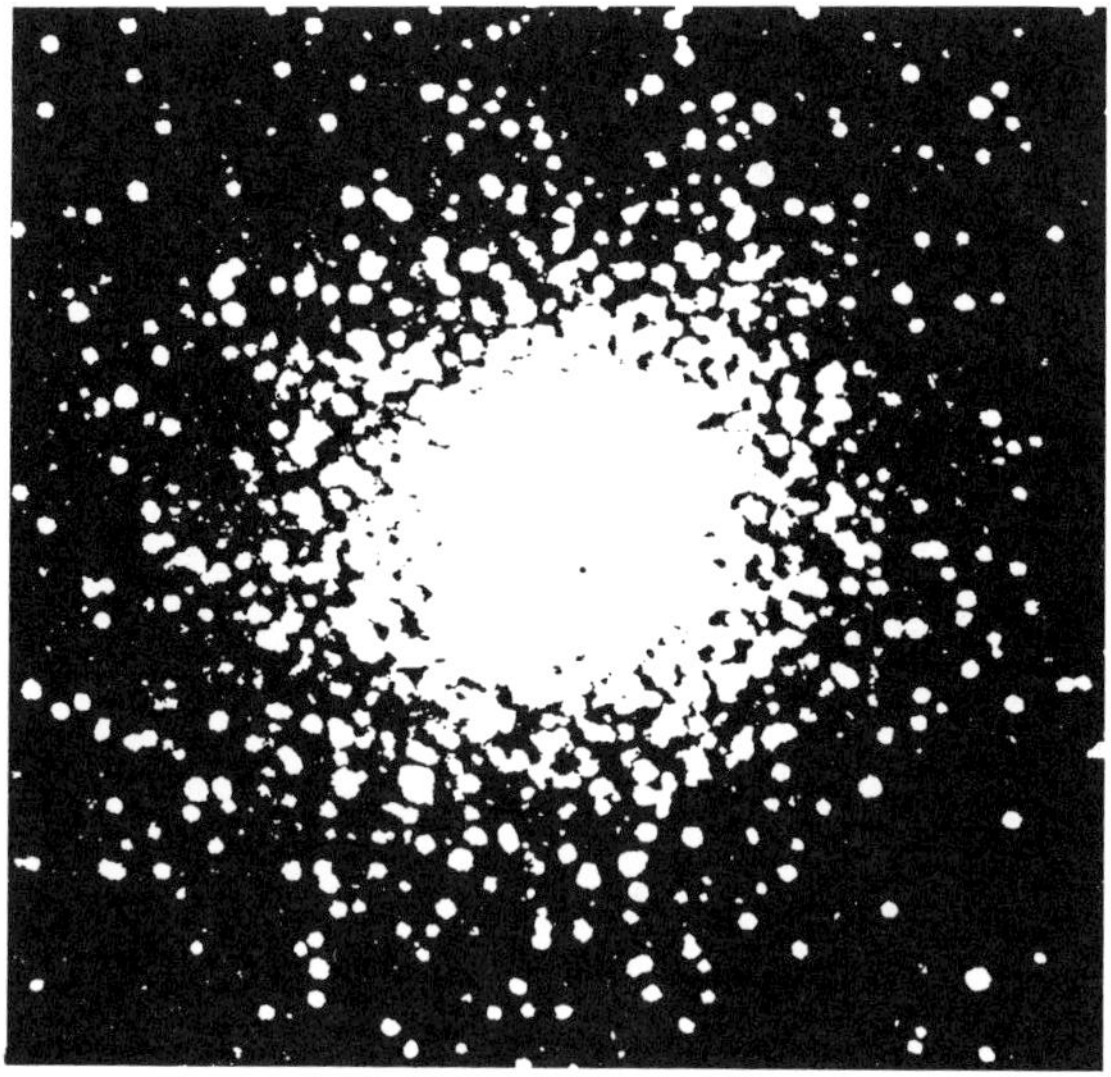

▲図3　入射ビームの強度が弱いとき

なくて粒子と思える。しかし、単に粒子かというとそうではなく、図3のようなフィルムをたくさん重ねると図2のような、波としての回折像が復元されるのである。

これは何を意味するのだろうか？　図2の回折像は、光のときと同じように、電子が波であって、格子点から散乱される波の山と谷の干渉を起こしていることを示している。

しかし、単に「電子は波である」とすると、いくら電子線ビームの強度を弱くしていっても、回折像はいつまでも薄くなるだけで消えないはずである。

実際にはそうはならず、図3のような像が得られる。これは、電子が粒子として、一個ずつバラバラにブラウン管に到達したことを示している。

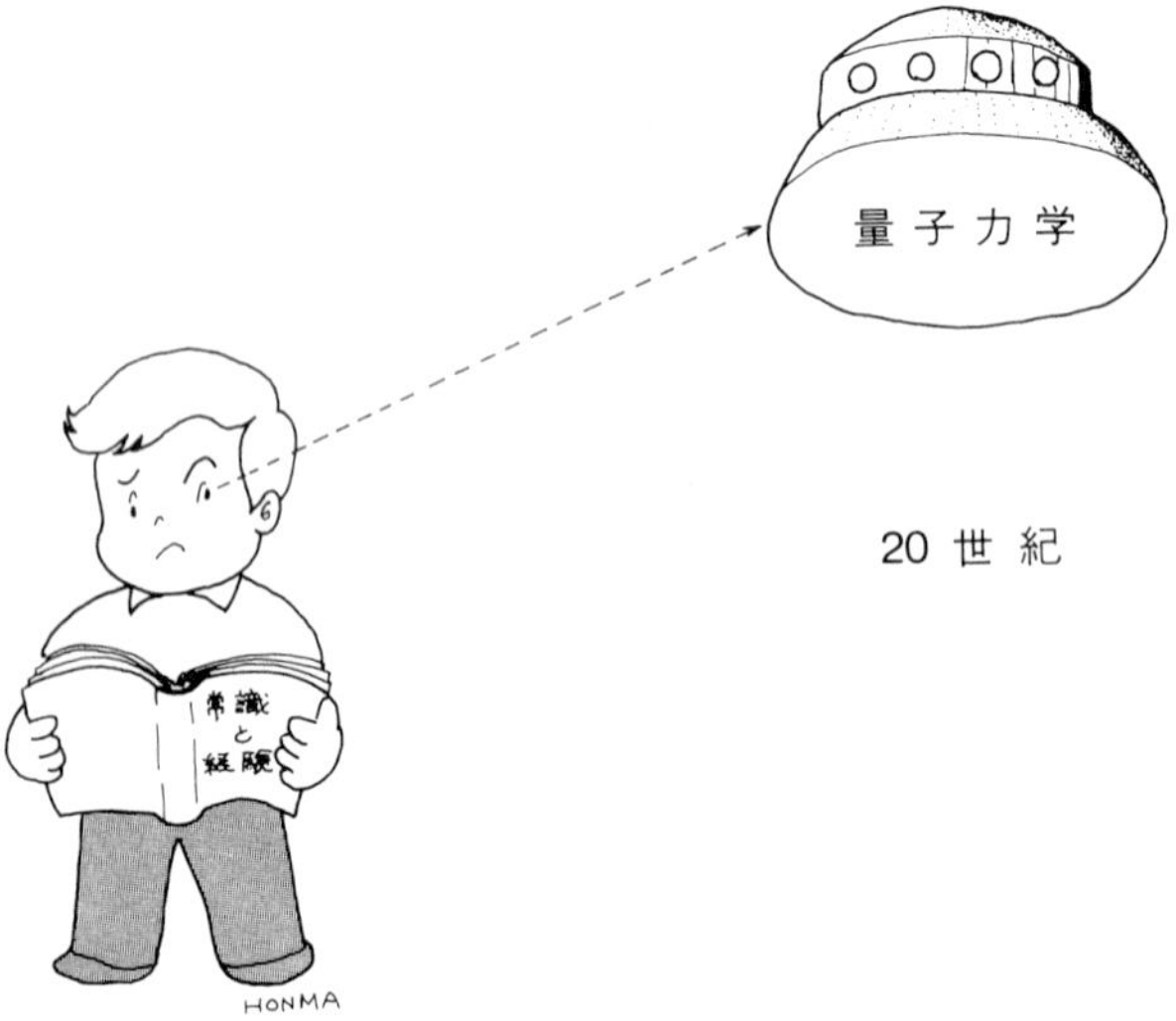

20 世 紀

それでは「電子は粒子である」としてよいかというと、図3をたくさん重ね合わせると図2の回折像が再現され、波としての性質が浮かびあがってくる。図3で乱雑にあるように見える点は、実は乱雑ではなく、重ね合わせたときに回折像が再現されるように、図2で光っていないところには存在せず、強く光っているところには数多く存在するのである。

したがって、電子（ほかのミクロの粒子も同じである）は波であると同時に粒子でもある。波というのは空間に連続的に広がったものを意味し、粒子というのは小さい領域に閉じ込めうるものを意味する。だから、波であるとともに粒子であるというのは矛盾しているようだが、その理由は、私たちがさしあたり、マクロの領域でつくり上げられた言葉しかもたないためである。

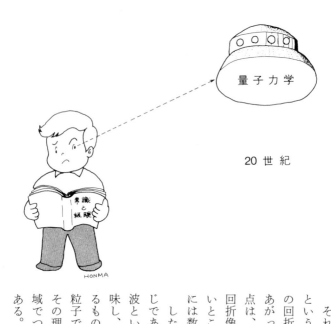

ミクロの領域では一般に、マクロの領域の言葉はそのままでは使えないので（本当は、このことは量子力学によって明らかにされたことである）、ミクロの領域ではどんな言葉（概念）が使えるのかを探り出さなくてはならない。量子力学はこれをやりとげた理論である。

ミクロの物質のふるまい

前述の実験は、ミクロの物質が一般にもっている性質がマクロの領域で見なれている性質と、どんなに違うかを示す一つの例である。

図1の左から入射する電子線ビームは、誤差の範囲内で一定の運動量をもつ電子から成っている。入射するビームの強度を弱くして、一回の実験では電子が一個しか入射しないようにすると、電子は図3のどれか一個の点を生じる。このとき、入射する電子は同一の状態にあるにもかかわらず、ブラウン管上の電子が到達する場所は決まらない。このことは、入射電子の状態をどんなに精密に決めても変わらず、したがって、対象についての知識の不十分さからくる統計性とは違う。これは、ミクロの物質が古典物理学的な対象と違って、本源的な統計性をもつことを示している。これも、ミクロの領域で物質が初めて現した大きな特徴である。

図2とあわせて考えると、ミクロの物質は粒子的な性質をもつが、その見出される位置は波としての法則に従っている。どの粒子がどの位置へ行くかは決めることができず、確率的な法則に従っている。その確率の分布を決めるのは波としての性質で、波の山と山、谷と谷が重なる位置では粒

子が現れる確率が大きく、山と谷が完全に消し合えば、そこに現れる確率はゼロである。

波動関数

図2の回折像は電子が出現する確率を表している。このような状況を理論化するにはどうしたらよいだろうか。一個の電子が入射したとき、ブラウン管上の一点（pとする）にそれが現れる確率をW(p)と書くことにしよう。

この確率そのものを波としてその干渉を考えるのはダメである。干渉というのは、一方の径路だけなら粒子が現れるのを、別の径路を加えることによって、その粒子の出現を消し去ることができるようなものである。ところが、確率というのは常に0と1との間の正の値をとるから、足し合わせて消し去るということはできない。

そこで

$$W(p) = \psi^*(p)\,\psi(p)$$

であるような、一つの複素数の値をもつ関数、$\psi(p)$ を導入し、これが波の性質をもつとする。＊印は複素共役である。この式の右辺は $\psi(p)$ の絶対値の二乗であって負にならないから、確率と解釈できる条件をみたしている。

いま、p点に到達する電子の径路を二つに分けたとし、それに対応するψを $\psi_1(p)$, $\psi_2(p)$ としよう。

ψが波の性質をもつとすると述べたが、この言葉の意味は、ψが空間に広がっており、かつその各点で、部分波を重ね合わせたものが全体の波になるということ、つまり、式で書けば

$$\psi(p) = \psi_1(p) + \psi_2(p)$$

が成り立つということである。

このとき、p点に粒子が現れる確率は

$$W(p) = (\psi_1^* + \psi_2^*)(\psi_1 + \psi_2) = W_1(p) + W_2(p) + (\psi_1^*\psi_2 + \psi_2^*\psi_1)$$

となる。右の式でψの中のpは省略した。$W_{1,2}(p)$は、それぞれ径路1あるいは2だけによって粒子が出現する確率である。したがって、この式は確率が単なる和にならず、二つの径路の両方に依存する項がつけ加わることを示している。この項が電子線の実験に現れる回折像を生じるのである。

このように、ミクロの物質が波動性と粒子性とを同時に示すことを説明するには、その絶対値の二乗が確率を表すような複素関数、$\psi(p)$の導入が必要である。この$\psi(p)$が波動関数とよばれるものである。

考えている対象についての波動関数が与えられたとすれば、その対象について行うことのできるすべての実験の結果を予言することができる。

波動関数と実験結果はどのように結びつけられるのだろうか？　次章は、この点をめぐる問題を中心にして話を進めよう。

2　「観測」したとき何かが起こる？

波動関数は何を表す？

ミクロの物質の代表として電子を考えよう。前章で述べたように、電子は粒子的性質と波動的性質を同時にもっている。それを表すためには、電子の状態は波動関数という一つの複素数値の関数で表すことが必要であった。

ところで電子の状態といっても無数にある。その状態の違いを指定するのは何かというと、たとえば、ある向きと大きさをもつ運動量とか、原子核など力の中心に束縛されて空間のある領域に閉じこめられたときのエネルギーや角運動量などである。

このように状態を指定する量は、対象とする系がもっている性質であって物理量とよばれる。それらの量は、またその対象についてその値を測定することができるような量だから、その対象がもつ観測可能量という意味で「オブザーバブル」(observable)ともよばれる。

ミクロの物質の状態は波動関数で表さなくてはならないから、量子力学での状態は古典物理学とは違うものである。そればかりでなく、物理量の概念も古典物理学とはひどく違ったものとなる。なぜかというと、古典物理学では状態を決めれば、すべての物理量の値は一意的に決まっていた。そうでなければ状態の指定のしかたがまだ不十分だったのである。しかし、ミクロの物質ではそうではない。電子線回折の実験では、電子の状態をどんなに精密に指定しても、個々の電子がブラウン管上のどの点に衝突するかは確率的にしか決まらない。このことは運動量が一定の電子について空間での軌道、すなわち、時刻ごとの位置という概念に意味があるのかという疑いをもたせる。そして、ある条件のもとで意味がないとしたとき、そのような物理量はそもそも物理量とよぶことができるのかが問題になる。「物理量」というものを古典物理学でのように、一定の対象の一定の状態では決まった一つの値をもつものと限定すれば、ミクロの物質は物理量をもたないことになってしまう。

この問題に答えることができるのは、ミクロの物質が生じる現象の全体に適用できる統一的な理論すなわち量子力学だけである。ミクロの領域という人間の感覚では直接にとらえがたい領域の理論は、どうしても抽象的な概念にたよっての推論に基づかざるをえない。波動関数という概念もそ

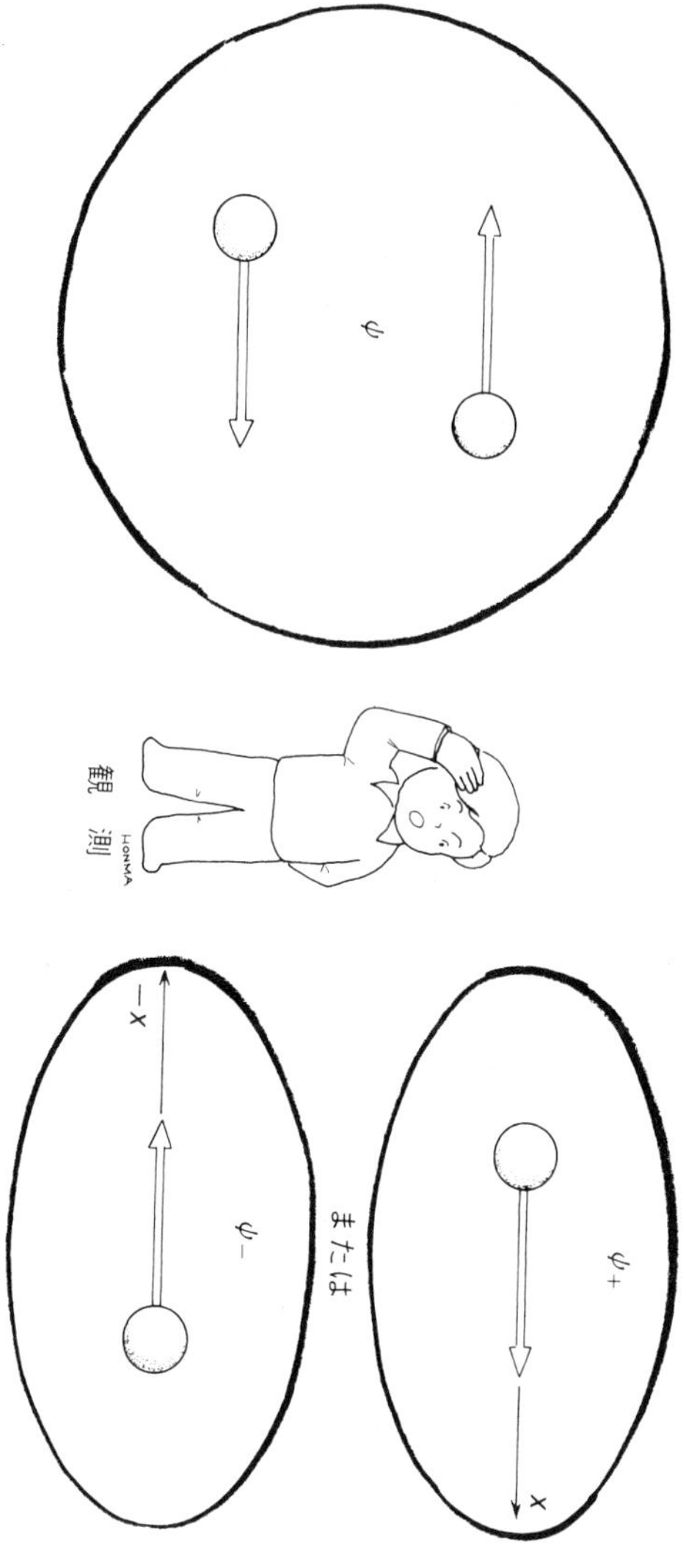

▲図4　観測による波束の収縮

の一つである。このような抽象的な概念が自然あるいは実在とどのように結びついているのかということも、量子力学がもたらした大きな問題である。しかしこのような問題を考えるには、まず、量子力学がどのような概念を使って統一的な理論をつくり上げ、抽象的な概念と実験結果との結びつきはどのように与えられるのかを見なければならない。

波束の収縮

前述のように、運動量を一定にした電子線を結晶薄膜にあてて回折像をつくると個々の電子の位置は決められない。それでは電子の位置という量は物理量として意味がまったくないのかというとそうではない。回折像は、この場合の電子の位置には確率的な意味があることを示している。

逆に電子の位置をできるだけ精密に指定するような状況を設定することもできる。しかし、そうすると運動量の測定値が決まらなくなり確率的な分布を示すようになる。これがハイゼンベルクの不確定性関係である。

実はこのような状況はミクロの領域では物理量のすべてについて成り立つことである。つまりある物理量の測定値は、一般には状態を一つに定めても決まった値をもたない。これは状態の「重ね合わせ可能性」がミクロの領域での基本的な原理だからである。

「一個の」電子の状態を表す波動関数をψとしよう。電子の運動量は一定とし、その方向をx軸の正方向にとり、その波動関数をψ_+と書くことにする。次にx軸の負方向に運動量をもつ電子の状態を考えその波動関数をψ_-とする。これらの状態で運動量を測定すれば、いうまでもなく、正または負方向の運動量の値のどちらかが得られる。

ところで、この二つの波動関数を重ね合わせた波動関数

$$\psi = c_+\psi_+ + c_-\psi_-$$

（$c_\pm$は任意の複素数）に対応する状態も一個の電子に対してつくれるはずである。この状態で運動量を測定したらどうなるだろうか？

量子力学では、そのとき、正または負のどちらかの値が得られ、その確率は、それぞれ、$|c_+|^2$と$|c_-|^2$に比例するとする。そして観測の瞬間に対象の状態はψで表されるものから、ψ_+またはψ_-で表されるものに移行するとする。

$$\psi \longrightarrow \psi_+ \text{ または } \psi_-$$

これは量子力学で状態と物理量の測定値とを結びつける作業仮説である。

この作業仮説は、いままでの量子力学では「観測公理」として扱われており、そのことからいろいろな問題を生じた。

状態ψはプラス向きの粒子とマイナス向きの粒子を$|c_+|^2$個と$|c_-|^2$個の割合で混合したものかというとそうではない。いま考えているのは「一個の」電子である上に、状態ψで観測できる量は$c_+^*c_-$ と $c_-^*c_+$（＊は複素共役）によるものもあり、これはプラス向きとマイナス向きとの間の干渉効果だからである。だからこの状態を言葉で表現しようとすると、正の向きの運動量に対応する

▲図5　マクロの物体に状態の重ね合わせがあると

波動関数と負の向きに対応する波動関数との重ね合わせを波動関数としてもつ状態というほかはない。

このことがマクロの物体にも成り立つとするとおかしなことが起こる。電子のかわりに飛行機を考え、プラスマイナス方向をそれぞれ東と西とすると、上のψで表される状態では一台の飛行機は東へ行く成分を含んでいると同時に西へ行く成分を含んでおり、その方向を観測すると一定の割合で東行きか西行きかのどちらかになる。このようなことはマクロの領域では起こらないが、ミクロの物質の性質はこのようなものなのである。ミクロの領域でのこのような奇妙な性質から、マクロの領域で私たちが見慣れている性質を導かなければならないのである。

突然の変化？

波動関数はシュレーディンガー方程式という一つの微分方程式にしたがい時々刻々連続的に変化する。その変化はある時刻の波動関数が与えられればそれよりあとの時刻の波動関数は一意的に決まる因果的なものである。

ところが波束の収縮は、観測公理によれば、観測の瞬間に突然起こり、しかもその結果がψ_+なのかψ_-なのかは確率的にしか決まらない。いいかえれば非因果的である。そして逆向きの移行はできないから非可逆的でもある。

これをそのまま認めれば、量子力学には二種類の時間的変化があることになる。そして二番目の

「波束の非因果的収縮」は観測のときだけ現れるから、量子力学では観測は非常に特殊な役割をすることになる。

観測ではミクロの対象が装置の一部に小さな変化を起こし、それを別の装置で拡大してなんらかの目盛に表し、それを目で見るというような過程が行われる。こう考えると、観測といっても多くの段階を経ておりどこで波束の収縮が起こったのかははっきりしない。しかしミクロの対象に装置の一部が作用するような現象は、観測でなくても、自然現象としてふつうに起こっているから、ここに非因果的な飛躍をもち込むことはできない。このようにして収縮が起こる場所を第一の装置から第二の装置、目、視神経、大脳、……というようにだんだん後退させてゆくと、結局、抽象的な主観あるいは哲学の言葉でいえば抽象自我といわれるものにまでゆきついてしまう。これは実際に、観測過程をくわしく研究したフォン・ノイマンが行ったことである。こうすると、意識をもった主観が関与すると、とたんに、ミクロの対象に予測不可能な非因果的な変化が起こることになる。

シュレーディンガーの猫

そればかりかシュレーディンガーが考えた次の例のようなおかしなことが起こる。

一匹の猫を鉄の箱に入れ、猫の手が届かないところに少量の放射性物質を置いておく。その量は一時間に一個の原子が崩壊する確率と一個も崩壊しない確率とが同じであるようにしておく。崩壊

「生きている猫と死んだ猫の重ね合わせ」

「酔った人と酔わない人の重ね合わせ」

▲図6　シュレーディンガーの“猫”

が起こるとガイガー計数管が放電しリレーを通じてハンマーが青酸のビンを割り猫は死ぬ（図6）。

波束の収縮がノイマンの説のとおりであるとすると、一時間後に観測者が箱をあけて猫の生死を確認するまでは猫は生きた状態と死んだ状態の重ね合わせであって、箱をあけたとたんにどちらかに非因果的に収縮することになる。しかし、こんなバカなことが起こるはずはない。たとえば、青酸のかわりにビールビンにして、原子の崩壊が起こればビンの栓があくようにし、猫のかわりに酒飲みの人を入れておいて、箱をあけたときビールが飲まれていたかどうかを見ることにしてもよいが、中の人は飲んだ状態と飲まない状態の重ね合わせだったというようなことは考えられない。

公理か作業仮説か

このようなおかしなことになるのは、すべて観測についての作業仮説を証明不可能な公理としてしまったからである。

ミクロの対象の観測はマクロの装置にある種の変化を起こさせることによって行われる。装置もミクロの物質の集まりだから、ミクロの理論ができればそれを使ってミクロの対象とマクロの装置との相互作用を扱うことができるはずである。

しかし、これから量子力学をつくろうという段階ではこのことは不可能だから、ミクロの性質とマクロの現象とを結びつける作業仮説から出発しなければならない。

作業仮説というのは、証明不可能な公理とは違って、一応それを認めて理論をつくったならば、こんどはその理論の第一原理から出発して限界や成立条件などを明らかにし、出発点で仮定したことの正しさを示すべきものである。

いまの場合でいえば、観測装置がミクロの対象との相互作用の過程でどのように作用するかを実験の条件に即して調べ、その状況を量子力学に従って表現する。そして時間的変化をシュレーディンガー方程式に従って計算することによって作業仮説を、量子力学の結果として、導くことである。

現実の状況をみてみると、ふつうの装置では、ミクロの粒子はまず検出装置のごく小さい部分（ミクロとマクロの中間）と相互作用し、そのときにいわゆる「波束の収縮」が起こることが示される。

それはマクロの目で見ると非常に短い時間の中での「瞬間」的なできごとなのだが、ミクロの状態の変化としてみると、かなりの時間の間の連続的かつ因果的な変化である。そして適当な条件をつくれば、「波束の収縮」がゆっくり起こってその途中を見ることのできるような実験が可能なはずである。最近H・ラオホが行った中性子線回折の実験はこのように考えて説明することができる。「波束の収縮」はミクロの意味では、実は、非瞬間的な連続的・因果的変化をマクロに見て近似的に表現したものである。こうして「観測公理」は作業仮説として、その成り立つ条件とともに量子力学から導かれる。

3 アインシュタイン-ポドルスキー-ローゼン「パラドックス」

青天の霹靂《へきれき》

『フィジカル・レビュー』誌の一九三五年五月十五日号に、A・アインシュタインとB・ポドルスキーとN・ローゼンの連名の「物理的実在の量子力学的記述は完全と考え得るか?」という題の論文が掲載された。これは四ページの短い論文であるが、その後、この論文について書かれた論文は数百にも及び、それは現在でも続いている。これから上記論文あるいは著者を「EPR」とよぶことにする。

この論文についての最初の有名な反論はN・ボーアによるもので、同じ題名で同じ雑誌にその年のうちに発表された。

これらの論文はどちらも読みやすいものではない。その理由はテーマのむずかしさにあるだけではなく、著者たちの表現が十分に明快でないことにもあるように思われる。ボーアの表現の晦渋さは必ずしも思想内容の深さを表すわけではないようだし、ＥＰＲについてはアインシュタイン自身が、この論文が出てすぐにシュレーディンガーへの手紙に書いている。それによれば、ＥＰＲの論文は三人の討論のあとで「ボドルスキーが執筆した。しかし私が望んだほどよくできていなかった。むしろ本質的な事柄が博識のかげに埋もれてしまっている」とされている。

それにもかかわらずＥＰＲの論文はボーアに青天の霹靂のような衝撃を与えた。ボーアはそれまで、観測の際にミクロの対象は装置によって「物理的な現象として」擾乱を受けるとしていたが、ＥＰＲへの反論以後は、この擾乱は必ずしも現実の現象として起こるのでなく、「波動関数の変化として」起こるのだという認識に達した。(1)

ＥＰＲ「パラドックス」

アインシュタインは量子力学について絶えず深く考えていた。彼の考えは一貫して、量子力学は「不完全」であるということであった。Ｍ・ヤンマーの本に、彼は初め量子力学の内部矛盾を問題にし、後に不完全性を示そうとするように変わった(2)とあるのは正確ではないようである。

ＥＰＲはいくつかの例によって量子力学が不完全であることを示そうとした。しかしその例の中には誤りを指摘されているものもあり、[3] また論旨が十分練られていないと思われるものもある。アインシュタインのシュレーディンガーへの手紙（EPR論文のすぐあとで書かれた）と後になってアインシュタインが整理して書いたものを含めて考えると、彼が明らかにしたかったことは以下のようなことと思われる。

量子力学は不完全？

簡単な例について述べよう。二個の粒子（AとB）があり、その運動量の和は保存されるとする。

EPRが提起した問題の中心点は「分離可能性」である。それは「粒子のうちの一つ（たとえばB）の物理的性質は、二個の粒子が十分遠く離れていれば、他方の粒子（A）に及ぼされる作用（たとえば観測）によって変化しない」という常識的にはあたりまえのことである。

次に「完全性」とは「粒子の一つに対してある時刻にある物理的性質が成り立っているとすれば、その時刻における合成系の波動関数は、上記の物理的性質を見出す確率が1であるようなものでなくてはならない」ということである。多少あらっぽい言い方をすれば、このとき確率的でなく必然的な予言が可能でなければ理論は「不完全」であるということである。

EPRは分離可能性と完全性を要求する。

簡単のために粒子AとBはx軸の正または負方向にだけ動くとし、全体の重心静止系で実験する

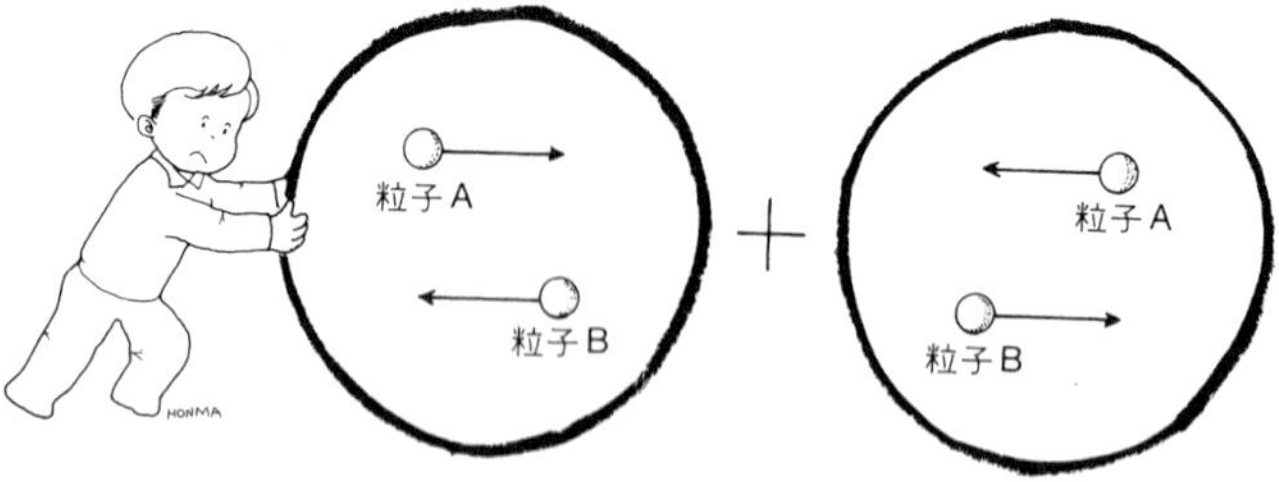

▲図7　2粒子AとBの重ね合わせ状態

としよう。一方の粒子の運動量（の向き）を測定すれば他方の粒子の運動量（の向き）がわかる。いま初めの状態はAが正方向、Bが負方向に行く状態とその逆方向の状態とのある重ね合わせであるとする（図7）。全系の初めの状態の波動関数、ψ_0、は

$$\psi_0 = c_+\psi(\mathrm{A}+;\mathrm{B}-) + c_-\psi(\mathrm{A}-;\mathrm{B}+)$$

と表せる。ここで$\psi(\mathrm{A}+;\mathrm{B}-)$はAが正方向にBが負方向に行く状態の波動関数、$c_\pm$はある複素数である。量子力学では任意の状態の重ね合わせが可能であるという原理がここで使われている。Aが正方向と負方向に行くそれぞれの確率は$|c_+|^2$と$|c_-|^2$に比例する。

測定装置はAだけを検出するとする。これは実際によくある場合である。たとえばパイ中間子を考えよう。正荷電のパイ中間子（π^+）は約10^{-8}秒の平均寿命で正荷電のミューオン（μ^+）とニュートリノ（ν）に崩壊する。

$$\pi^+ \longrightarrow \mu^+ + \nu$$

だから崩壊後の荷電粒子を測定するようにしておけばミューオンだけを検出しニュートリノは通り抜ける。上の例の粒子Aがミューオンに Bがニュートリノに対応すると思えばよい。図8のどちらかの検出装

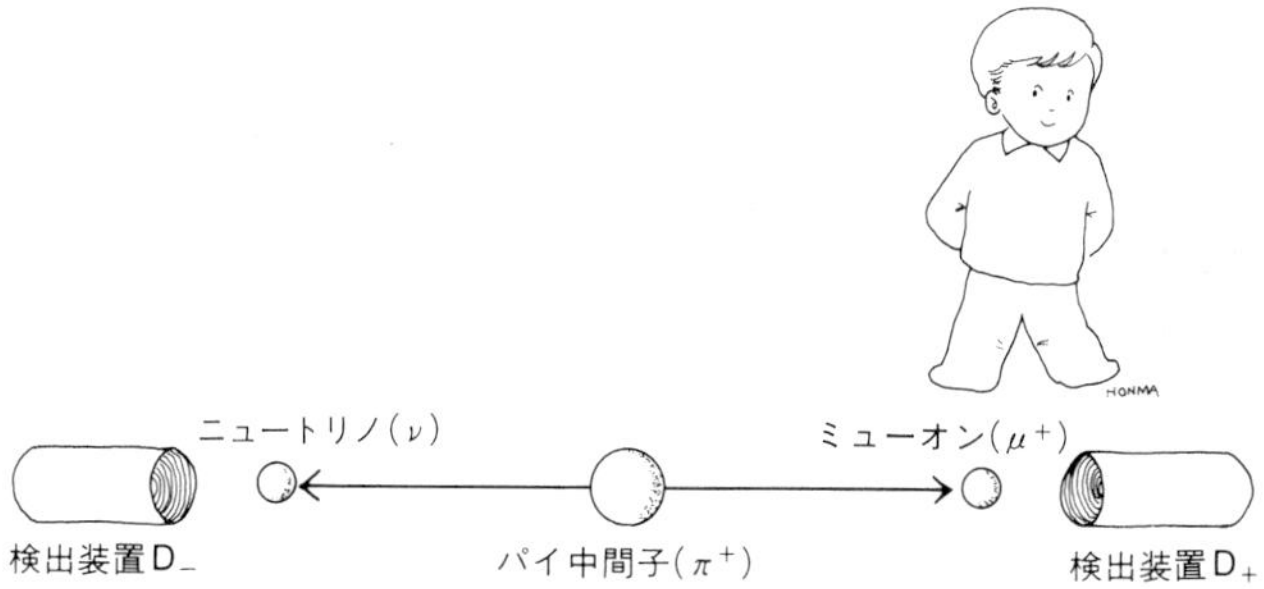

▲図8　パイ中間子の崩壊．$D_\pm$ は荷電粒子検出装置

置がAを検出すると、われわれはBの運動量（の向き）を知ることができる。

いま図8の二つの検出装置のうちD_+がAを検出したとしよう。するとBは必ず負方向に行っているはずであり、その状態を表す波動関数は

$$\psi(A+;B-)$$

であるはずである。

ところで装置を十分に離しておけば、分離可能性により、AについてのB測定はBに何も影響を与えない。したがって、Bの波動関数はAの測定をする前から$\psi(A+;B-)$であったはずである。つまりBが負方向に飛んでゆく確率は1であったはずである。

それなのに量子力学が与えるBの波動関数は

$$c_+\psi(A+;B-)+c_-\psi(A-;B+)$$

であって、これによればBが負方向に行く確率は

$$|c_+|^2/(|c_+|^2+|c_-|^2)$$

であって、これは c_- が0でないかぎり1より小さい。

つまり、初めからBは必ず負方向に行っていたはずなのに、量子力学では確率的な予測しかできない。これは先に述べた「完全性」の原理に反するから、量子力学は不完全だというわけである。これがEPRが示した「パラドックス」——分離可能性と完全性との矛盾——である。

ところで以上の議論には暗黙のうちに仮定されていることがある。それはほかの物からの働きかけを受けていない物の性質は、その間に変わることはないということである。

いまの場合、測定直後のBの状態が負方向への運動に対応するものであることは確かである。ところがBとAとの距離は十分に離れているから、測定の前からBはどの物質からも働きかけられていない。したがってBの波動関数がAの測定の前から ψ(A＋；B－）であるというEPRの主張には、この一見当り前なことが暗黙のうちに前提されている。

二段構えの自然の記述

以上のEPRの議論はごく自然なことしか仮定していないように思われる。いったいそのどこが量子力学と違うのだろうか？

それを考えるには、まず、量子力学の自然記述の古典物理学との基本的な違いを思い出さなければならない。

量子力学では対象の状態を表現するのは波動関数である。波動関数に対してはシュレーディンガー方程式が成り立ち、一意的な因果律が成り立つ。それに対して事象あるいは現象の起こり方は確

$t=0,\ \psi(0)=\varphi(親)$
$0<t<T,\ \psi(t)=c_1(t)\,\varphi(親)+c_2(t)\,\varphi(子と\ \gamma)$
$t=T$ で観測し，もし崩壊していなければ
$\psi(T-\varepsilon)=c_1(T-\varepsilon)\,\varphi(親)+c_2(T-\varepsilon)\,\varphi(子+\gamma)$
$\xrightarrow[観測]{}\psi(T+\varepsilon)=\varphi(親)$

▲図9　ガンマ崩壊をする原子核の波動関数．φ(親)：崩壊する前の親の原子核の波動関数．φ(子＋γ)：崩壊しガンマ線を出したあとの系の波動関数

率的であって、波動関数はその確率を与える。

半減期一時間でガンマ崩壊をする原子核が一個あるとしよう。ガンマ線は電磁波であるが、原子核はガンマ線を放出するときだけ電磁場と相互作用しているわけではない。電磁場との相互作用は初めから終りまでどの時刻にもあるのだが、ガンマ線の放出という現象はいつ起こるかわからない。予言できるのは、一時間たったときにその原子核が崩壊しないでいる確率が1/2だということだけである。しかし、原子核は初めから電磁場と相互作用し、その系の波動関数は親の波動関数と崩壊後の波動関数との重ね合わせとしてシュレーディンガー方程式に従って時々刻々に連続的に変化する。ある時刻に観測したときもし崩壊が起こっていなければ波動関数は、そのとき、親の状態に収縮する（図9）。

このように量子力学では自然の記述は「二つのレベル」で行われる。「波動関数のレベル」では相互作用は絶えず存在し変化は一意的・連続的・因果的である。「現象のレベル」では事象は確率的にしか起こらず事象と事象との間ではあたかも相互作用がないかのように見える。相互作用があっても必ず事象がともなうとは限らない。

これだけのことを念頭においてEPRの例を見直すことにしよう。量

子力学で基礎的なのは現象でなく波動関数のレベルでの記述である。対象は二粒子AとBの成す系であり、波動関数はA＋Bの系全体に対するものである。観測というのは系の波動関数を（多くの場合部分的に）決定するためのものである。つまり観測の対象は「系A＋B」の全体の状態である。検出装置がAだけしか検出しなくても、ミクロの世界に量子力学を適用して考える限り、「Aを測定する」といういい方は波動関数のレベルでは正確ではなく「系A＋Bの性質の一つとしてのAを検出した」といわなければならない。

観測の作業仮説に従って考えるとき、$\psi(A+B)$が測定過程の間に測定結果に対応する変化をするのであって、「Aの」波動関数が変化するわけではないのである。

したがって量子力学によれば、図8で荷電粒子を検出したとき、系全体の波動関数が

$$c_{+}\psi(A+;B-)+c_{-}\psi(A-;B+)\xrightarrow{\text{観測}}\psi(A+;B-)$$

のように変化するのである。したがってAを検出するときAとBがどんなに離れていても、観測直後のBの状態を観測前の時刻に外挿することはできない。

現実に起こる過程としては観測の間にBは何の力も受けないから、これは一見不思議であるが、そのことが可能なのは、量子力学が基本的に波動関数のレベルと現象のレベルを分ける理論だからである。

この二つのレベルの区別がない古典物理学では分離可能性は、近接作用の原理を仮定する限り、

当然であるが、ＥＰＲはこれをレベルの区別を無視して波動関数にまで要求したことになる。

　ここでは対象系を表すのに波動関数を使った。ＥＰＲも一貫してそうしているのだが、実は、観測の過程を扱い、また、部分系を扱うには、波動関数でなく統計作用素（密度行列ともいう）を使わなければならない。それによってＥＰＲの問題は、はるかに見通しがよくなる。[4]

実験で確かめる

　前述の実験でＡとＢが離れ始める時刻をt_0、Ａを検出する時刻をTとするとき、時刻tが$t_0<t<T$をみたす場合にＥＰＲの考えと量子力学とでは系の状態が違う。波動関数は、ＥＰＲによれば$\psi(A+;B-)$であり、量子力学では$c_+\psi(A+;B-)+c_-\psi(A-;B+)$である。この二つの違いは実験にかかるはずだから、どちらの考えが自然を正しく反映しているか、実験によって決めることができるはずである。

　しかしこれはむずかしい実験であって、ＥＰＲが出たころはほとんど思考実験としてしか考えられなかった。それでも上の例の運動量のかわりにスピンの相関を測る試みがいくつも試みられ、数年前、フランスのＡ・アスペのグループがほぼ決定的な実験に成功した。その結果は、ＥＰＲの分離可能性の仮定はミクロの領域では成り立っておらず量子力学が正しいことを示すものであった。

　このことは、ミクロの領域では、波動関数のレベルと事象のレベルとを区別して記述しなければならないことを示している。

参考文献

（1） A. Fine: *The Shaky Game: Einstein, Realism, and the Quantum Theory*, Univ. of Chicago Press (1986), p. 35.
［A・ファイン（町田茂訳）、『シェイキーゲーム―アインシュタインと量子の世界』、丸善（一九九二）五六頁］

（2） M. Jammer: *The Philosophy of Quantum Mechanics*, John Wiley & Sons (1974), p. 536, §5, 3. ［M・ヤンマー（井上健訳）『量子力学の哲学、上・下』、紀伊國屋書店］

（3） O. Piccioni: *Proceedings of the Second International Symposium on the Foundations of Quantum Mechanics*, ed. by M. Namiki *et al.*), Physical Society of Japan (1987).

（4） 町田茂：パリティ物理学コース『基礎量子力学』、丸善（一九九〇）一九章。

4 粒子と波動の二重性—中性子干渉計—

波動性と粒子性は両立できない？

光は干渉・回折現象を示すので「重ね合わせの原理に従う」という波動の特徴をもっている。一方、光電効果、コンプトン効果を引き起こすときには、一定のエネルギーと運動量をもつ粒子の集団としてふるまう。

電子は、ブラウン管の中の電磁場を通過するときには、ローレンツ力の作用を受けてニュートンの運動方程式に従って運動する荷電粒子としてふるまう。しかし、電子は波動性も示す。この事実はC・デビッソンとL・ガーマー、G・P・トムソン、菊池などの実験で明らかにされた。

日常生活の経験によると、二つの窓が開いている部屋の中に、屋外から音波は両方の窓を通って入ってくるが、ボールはどちらかの窓だけを通って入ってくる。したがって、波動性と粒子性は両立できない性質であるように思われる。光や電子が波動の性質と粒子の性質の両方を示すことは量子論が誕生するまでは物理学の謎であった。

光や電子は波動と粒子の二重性を示すが、波動性を示すときの波長λ、振動数νと粒子性を示すときの運動量p、エネルギーEの間には、

$$p=\frac{h}{\lambda}, \quad E=h\nu \tag{1}$$

という関係がある。この2つの関係式に現れる定数hはプランク定数である。波動と粒子の二重性の謎を解決する原理は不確定性原理であり、この原理に基づいた理論が量子論である。

電子の非相対論的な量子論が量子力学である。量子力学では、電子の波動性は波動関数$\psi(\boldsymbol{x}, t)$で表される。電子波が二つの離れた空間的領域に伝わっていき（波動関数はψ_1とψ_2）、そのあとでまた合流すると、合流後の波動関数は、二つの波動関数を重ね合わせた$\psi=\psi_1+\psi_2$である。蛍光物質などで粒子としての電子を検出しようとすると、時刻tに位置$\boldsymbol{x}$の近傍の体積$\varDelta V$の領域に電子を発見する確率は、$|\psi(\boldsymbol{x}, t)|^2 \varDelta V$である。

電子が空間を波動関数$\psi(\boldsymbol{x})$で表される波として伝わり、検出面に衝突すると$|\psi(\boldsymbol{x})|^2$に比例す

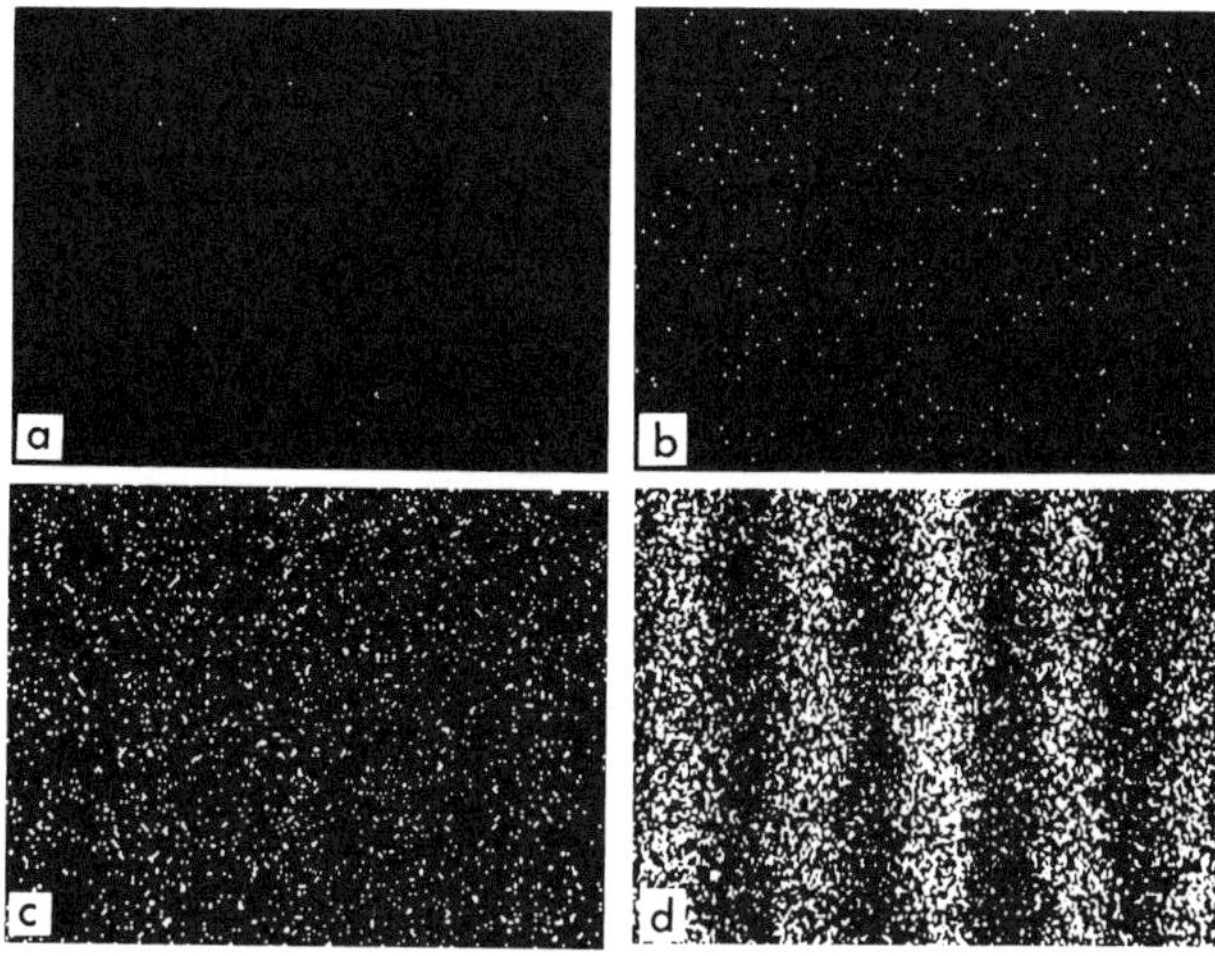

▲図 10　電子の干渉縞の形成過程．電子が検出面に 1 個ずつ到達し，その結果干渉縞が形成される様子を写真 a→d で時間の順に示す．電子顕微鏡の内部に 2 個以上の電子がいることはまれであるように実験したので，この干渉縞は 1 個の電子の量子的な干渉による（日立製作所基礎研究所外村彰博士提供）．

る確率で一個、一個と電子が輝点を発生させることによって、検出面の上に（電子波の）干渉縞が形成される様子を示す写真を図10に紹介しよう。この電子の二重性を見事に示している写真は日立製作所基礎研究所で外村彰博士と協同研究者によって撮影されたものである。

中性子の波動性をさぐる

量子力学は電子ばかりでなく、陽子や中性子の理論でもある。

この章では、物質の二重性を理解するために、中性子干渉実験を中心に話を進めよう。中性子に作用する重力は中性子の波動性にどのような影響を与えるのだろうか。古典力学

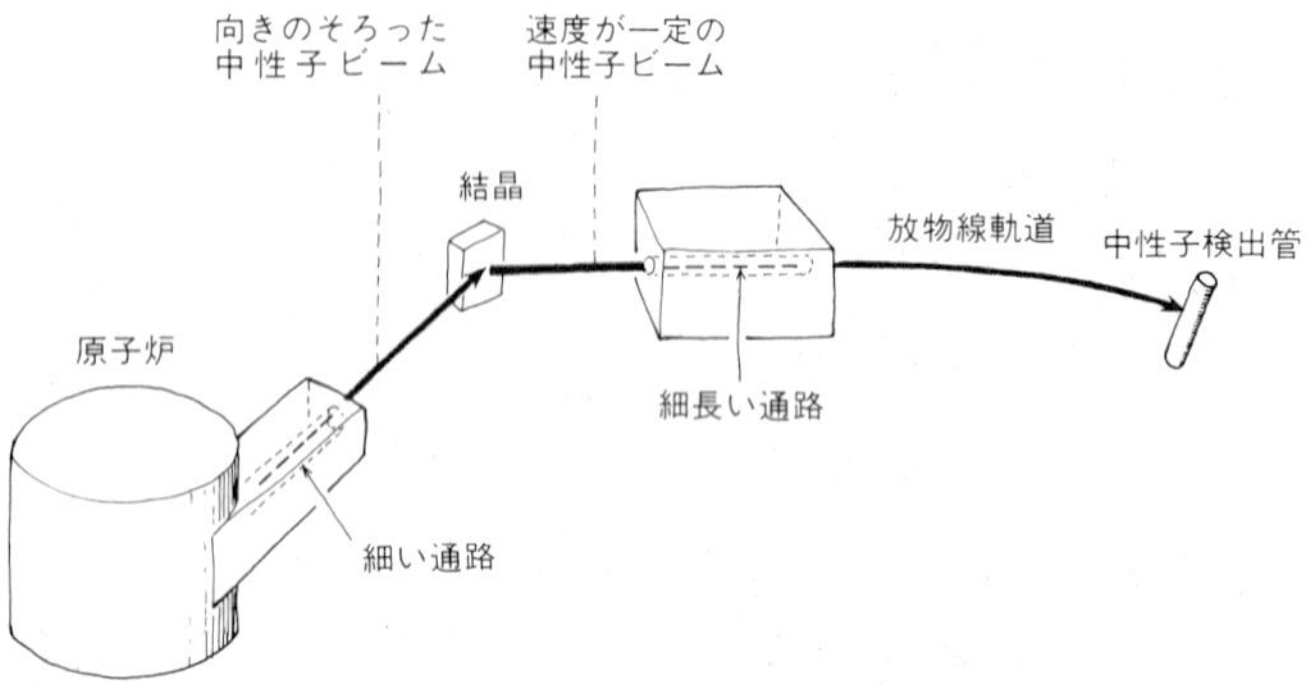

▲図 11　中性子の自由落下実験

でなじみ深い問題が量子の世界ではどうなるかを考えてみよう。

ウランの核分裂では中性子が放出されるので、原子炉の中では中性子が大量に発生する。これを炉の外に取り出し、細長い穴を通過させると、向きのそろった中性子のビームが得られる。このビームの中の中性子の速度はばらばらである。つまり、この中性子ビームを中性子波と考えると、いろいろな波長の波の重ね合わせである。この波を結晶に入射して特定の方向に反射してくる波だけを取り出すと、波長のそろった中性子波、すなわち速度が一定の中性子のビームが得られる。

この速度が一定の中性子ビームを真空中を自由に運動させると、重力の作用によって放物線軌道上を落下していくはずである。このような予想は一九五一年に実験によって確かめられた（図11）。この現象は、素粒子が古典力学の法則に従って運動している例で、量子論に特有のプランク定数は顔を出さない。

量子力学では、この現象は「物理量の期待値が古典力学の運動方程式

$$m\frac{\mathrm{d}^2\langle \boldsymbol{x}\rangle}{\mathrm{d}t^2}=-mg\hat{\boldsymbol{z}}$$

に従う」という「エーレンフェストの定理」で説明される。ここでは、$\hat{\boldsymbol{z}}$は鉛直上向きの単位ベクトルである。

中性子ビームが放物運動して落下すると中性子の速さが変化し、したがって中性子波の波長も変化するはずである。このような高さによる中性子波の波長の変化は、原子炉の熱中性子からつくった速度が一定の中性子ビーム（たとえばド・ブロイ波長 $\lambda=1.445$ オングストロームの単色の中性子波）を単結晶のシリコンでつくった中性子干渉計に入射することによって確かめられている。

原子が規則的に並んでいる結晶はX線を回折する。この現象は入射X線が原子と相互作用して、各原子から出る散乱波が合成した結果だと考えられる。運動量のそろった中性子のビームを結晶に入射すると、中性子は結晶の格子点上に並んでいる原子核と核力で相互作用して散乱される。したがって、各原子核から出る中性子の散乱波が合成した結果、X線の場合と同じように結晶による中性子波（中性子ビーム）の反射、回折が起こる。この現象を利用した装置が中性子干渉計である。

中性子干渉計

中性子干渉計として、傷や格子欠陥の全くない長さ約八センチメートル、直径約五センチメート

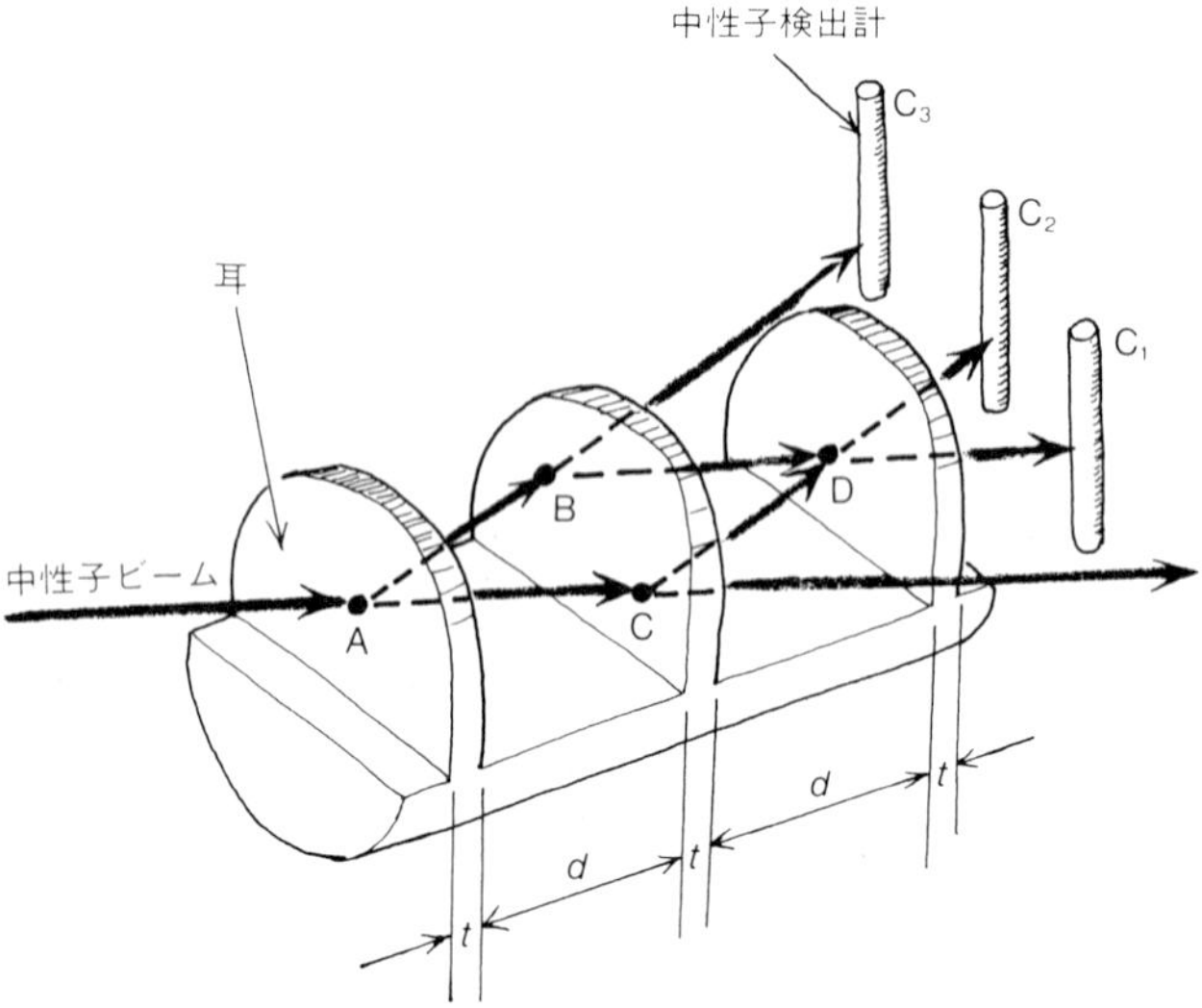

▲図 12　中性子干渉計で中性子ビームはどのように進むか

ルのシリコンの単結晶から三枚の「耳」を切り出したものを使うことができる。図12に示すように、三枚の耳は円柱の残りの部分で互いにつながっている。典型的な干渉計の耳の厚さtと耳と耳の間隔dは

$$t=(0.43954\pm0.00008)\ \mathrm{cm}$$
$$d=(2.72936\pm0.00009)\ \mathrm{cm}$$

である。中性子の干渉はヘリウム-3を使った中性子検出計で検出する。

このように精密に工作された干渉計が必要な理由は、速度がほぼ一定な中性子ビームの中の中性子の速度には若干の不確定さがあるために、中性子の波動関数は無限に広がった平面波ではなく、長さが約五ミリメートルの波束なので、波束の広がりよりもはるかに小さな次元の規則性が干渉計に対して要求されるためである。

単色の中性子ビームを、干渉計の最初の耳にブラッグ角で入射すると、結晶の表面に垂直な耳の内部の結晶面で回折される。これをラウエ散乱という。このようにブラッグ角で入射したビームは、第一の耳を透過するもの（A→C）と回折されるもの（A→B）とに分かれて二本のビームとなり、第一と第二の耳の間の空間を直進し、第二の耳に入射して、透過とラウエ散乱によって四本のビームになる。このうちラウエ散乱した真中の二本のビーム（B→DとC→D）は第三の耳の同じ場所Dに入射して、透過あるいはラウエ散乱して二つの中性子検出計（C_1とC_2）に入射する（図12）。つまり、中性子検出計は異なる道筋を通過した二つの中性子波の干渉効果を検出することになる。検出計C_1に入射する中性子の強度I_1は、ラウエ散乱を二回と透過を一回行った対称な道筋を通過した二本のビームの重ね合わせによって生じたものなので、

$$\psi_1 \equiv \psi(A \to B \to D \to C_1) = \psi_2 \equiv \psi(A \to C \to D \to C_1)$$

を利用すると、

$$I_1 = |\psi_1 + \psi_2|^2 = 4|\psi_1|^2$$

となる。（実際には、干渉計の工作精度などの理由によって、ψ_1とψ_2には若干の位相差ϕが生じるので、$\psi_1 = \exp(i\phi)\ \psi_2$ となる。）

中性子波は重力を感じる

この中性子干渉計を図12のACを軸にして傾けてみよう。道筋B→Dは道筋A→Cに比べて高く

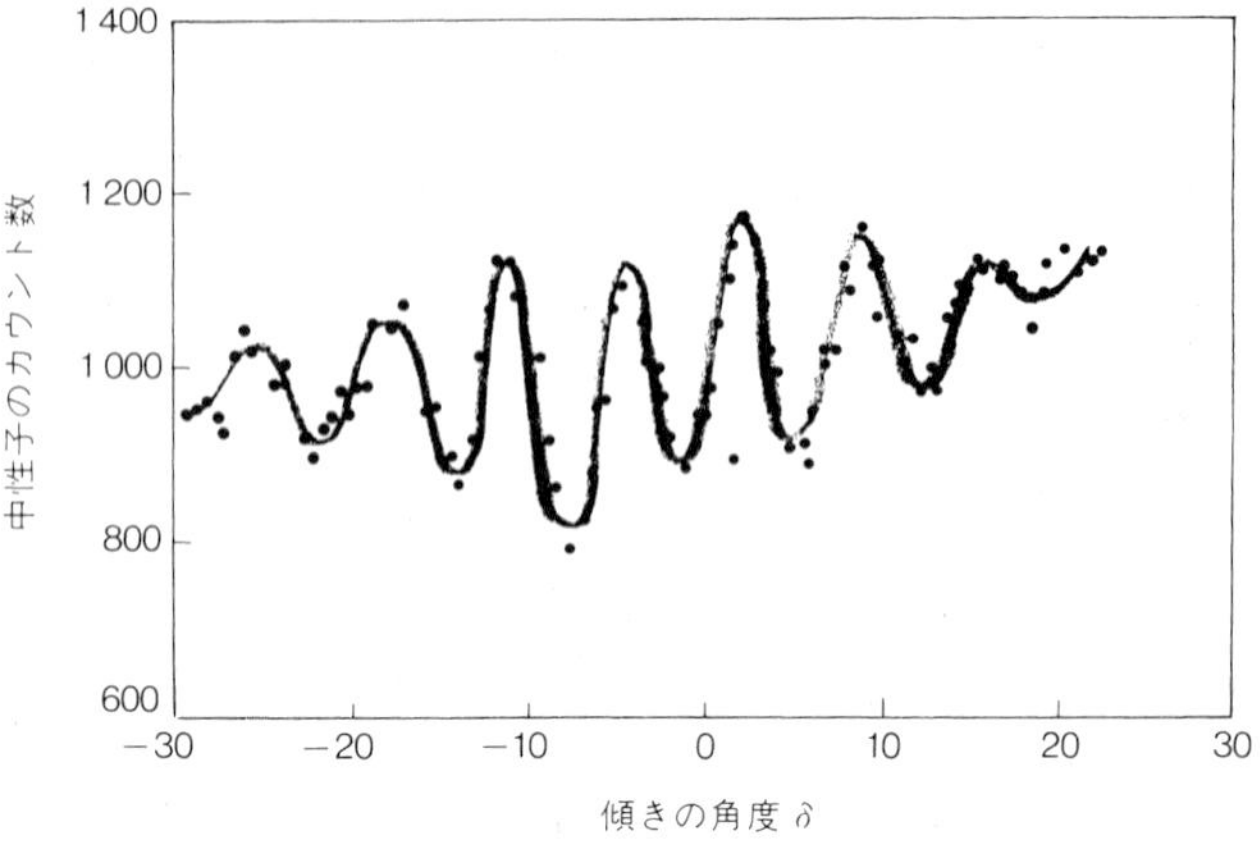

▲図 13　傾きの角度を変化させると検出計 C_1 に届く中性子ビームは強くなったり弱くなったりする.

なり、位置エネルギーの差だけ運動エネルギーが小さくなる。したがって、道節B→Dでの中性子の運動量 p は道筋A→Cでの中性子の運動量より小さくなる。$p=h/\lambda$ なので、道筋B→Dでの中性子波の波長 λ は道筋A→Cでの波長より長くなる。したがって道筋A→B→Dを通る波動関数 ψ_1 の位相は道筋A→C→Dを通る波動関数 ψ_2 の位相より遅れることになる。(道筋A→Bと道筋C→Dは同等なので、この部分は位相差には寄与しない。)つまり、今度は $\psi_1 \neq \psi_2$ となる。

たとえば、波長が一・四四五オングストロームの中性子ビームの場合に $\overline{AB}=\overline{BD}=4$ センチメートル、高さの差を一センチメートルとすると位相のずれは二三ラジアン(3.6×360°)となるので、重力による中性子の干渉への影響は観測可能となり、一九七五年にR・コレラ、A・W・オーバーハウザーとS・A・ワーナーによって観測された。[1] 傾きの角度

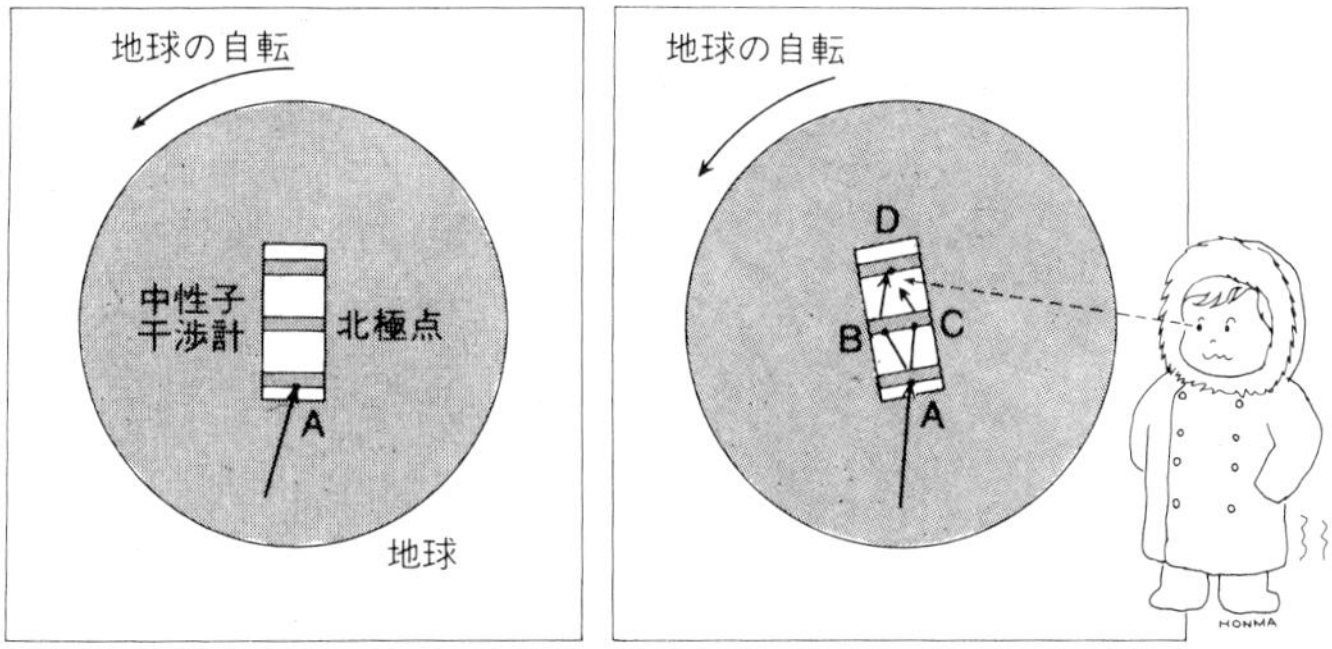

▲図 14　中性子ビームは地球の自転の影響を受ける．

δを変化させると、ψ_1とψ_2の位相差が変化していくので、$|\psi|^2=|\psi_1+\psi_2|^2$は強め合う干渉になったり弱め合う干渉になったりする。したがって、検出計C_1に届く中性子の数をδの関数として図示すると、極大と極小が繰り返す振動曲線になるはずである。このような予想は三人の実験によって確認された（図13）。

　波長が一・四四五オングストロームの中性子の速さは約二八〇〇メートル／秒である。このような速さで運動している粒子が高さ一センチメートルぐらい上昇しても、粒子の速さの変化Δvはごくわずかである（$\Delta v/v \approx 10^{-8}$）。それでも位相の差が観測にかかるのは、中性子ビームの波長は一オングストロームの程度で、中性子干渉計は10^9個の波が全体として10波長ほどずれるのを検出できるからである。単結晶のシリコンでは、すべての原子が規則正しく並んでいるので、莫大な数の原子の協同作用の結果、微視的なスケールの現象を巨視的なスケールに増幅して観測することを可能にしたのである。

　さて、中性子ビームは一秒間あたり約一〇〇個の中性子を含んでいる。速さ $v=2800$ メートル/秒の中性子は干渉計を 3×10^{-5} 秒で通過するので、二個の中性子が干渉計内を同時に通過する確率は 10^{-3} のオーダーである。しかも、中性子の波束の長さは約五ミリメートルなので、二個の異なる中性子が互いに干渉する確率は 10^{-9} ときわめて低い。つまり、中性子干渉計における干渉は、ただ一個の中性子が自分自身と干渉する現象なのである。

コリオリの力の影響

地球の自転も中性子ビームの干渉に影響を与える。

話を簡単にするため、干渉計を北極にもっていって実験しよう（図14）。点Aを出た二本のビームが点Dに到達するまでの短い時間（約 3×10^{-5} 秒）に、地球の自転によって点Dが上から見て時計と逆向きにごくわずか（約一オングストローム）移動するので、道筋A→B→Dを通った中性子ビームの方が、道筋A→C→Dを通った中性子ビームより1～2波長だけ点Dに早く到達する。この効果が干渉のずれとして観測できるのである。地球の自転によるこの量子力学的干渉効果は一九七九年に観測された。これは中性子ビームに対するコリオリ力の影響を観測したといってよい。

参考文献

（1） R. Colella, A. W. Overhauser, S. A. Werner : Phys. Rev. Lett. **34**, 1472 (1975).

5　スピン―波動関数の二価性―

角運動量

本章では、電子のスピンをとりあげる。スピンといえば、フィギュア・スケーターの美しいスピンが思い浮かぶように、スピンは物体の自転と結びついた概念である。

物理学では、物体が公転したり自転したりするいきおいを表す術語として角運動量を使う。質量mの石に長さrの軽いひもをつけて、その一端をもって、石を速さvでぐるぐるまわすとき、mvrをこの石の角運動量という。この場合の手首のように力の中心があるときには、角運動量は変化しない（保存する）。地球が太陽のまわりを回転しつづけるのも角運動量の保存による。

水素原子の中での、原子核のまわりの電子の回転を考えよう。原子核を通るある軸（たとえば z 軸）のまわりの電子の回転角を φ とすると、その軸のまわりをまわる電子の波動関数は量子力学では $e^{im\varphi}$ という形をしている（$i^2=-1$）。純虚数 $im\varphi$ が肩の上にのっている指数関数の定義は

$$e^{im\varphi}=\cos m\varphi+i\sin m\varphi$$

である。時間依存性を表す因子 $e^{-i\omega t}=e^{-iEt/\hbar}$ を考慮すると、この波動関数は

$$e^{im\varphi-i\omega t}=\cos(m\varphi-\omega t)+i\sin(m\varphi-\omega t)$$

となる。

波動関数が複素数になることは量子力学の重要な特徴の一つである。力学的振動ではエネルギーが運動エネルギーと位置エネルギーの間を往復し、電気振動では電場のエネルギーと磁場のエネルギーの間を往復する。量子力学の波動関数の振動は実数部と虚数部の間の往復である。このような振動は古典物理学にはもちろん存在しない。

ところで、原子核のまわりをまわる電子の波 $e^{im\varphi}$ としては、原子核のまわりをひとまわりする間に、まったく振動しない波、ちょうど一振動する波、二振動する波、三振動する波、……のように、原子核のまわりをひとまわりする間にちょうど整数回振動する波だけが許される。つまり、$m=0, \pm1, \pm2, \ldots$ である。ふつうの量子力学の教科書を読むと、このような制限は、波動関数の一価性、すなわち回転角が φ と $\varphi+2\pi$ のときに波動関数の値が等しい、という条件から導かれている。

電子の円軌道の円周は電子波の波長 λ の整数倍だという条件 $2\pi r=l\lambda$ と、ド・ブロイの関係 $\lambda=$

h/p を使うと、

$$\text{“角運動量の大きさ”} = rmv = rp = rh/\lambda = rh/(2\pi r/l) = l(h/2\pi)$$

となる。量子力学では角運動量の単位として $\hbar = h/2\pi$ を使うので、角運動量の大きさは $l = 0, 1, 2, \ldots\ldots$ であるという。

量子力学では不確定性原理のために回転軸の方向にゆらぎがあるので、厳密には角運動量の大きさは、$l\hbar$ ではなく、$\sqrt{l(l+1)}\,\hbar$ である。このような大きさの角運動量ベクトルの特定の方向の成分を測定すると、$l\hbar, (l-1)\hbar, \ldots, -l\hbar$ の $(2l+1)$ 個の値のどれかが得られることはご存知であろう。($e^{im\varphi}$ の場合には $m\hbar$ が角運動量のその特定の方向の成分である。)

このような事実は、原子の放射する光の分光学的研究を通じて明らかにされてきた。

メビウスの環

それでは、電子の波が原子核のまわりをひとまわりする間に1/2回振動して半波長しか進まず、ふたまわりして初めて最初の状態に戻るというようなことは絶対に起こらないだろうか。

「メビウスの環」というものがある。細長いテープの一端を裏返しにして、テープの両端を糊づけしたものである。メビウスの環を中心のまわりに一回転すると、最初の状態に戻る。しかし、環の上側に指をあてて環にそってひとまわりさせると、指は環の下側にくる。もうひとまわりさせると、指は初めて環の上側の最初のところに戻ってくる。この事実は、ひとまわりする間に1/2振動し、ふたまわりして初めてちょうど一振動する波の存在を示唆するように思われる。

メビウスの環のような現象が起こる原因は、三次元空間では回転を一義的に定義できないことと密接に関連している。回転軸とそのまわりの回転角を指定すれば、回転は一義的に決まる。しかし、その逆は一義的にはいかない。回転軸が共通な場合、たとえば、右まわりで一六〇度回転するのと左まわりで二〇〇度回転するのは同じ結果になる。このような場合には、回転角が一八〇度よりも小さい方の回転を選ぶと約束すれば、一六〇度の右まわりの回転ということになり、回転は一義的に決まる。したがって、方向が回転軸の方向で、大きさが回転角で、回転の向きに右ねじを回したときにねじが進む向きを向いたベクトルの先端で回転を指定することにすれば、回転は半径π（一八〇度）の球の内部の点と一対一対応しているように思われる。

しかし一八〇度の右回転と一八〇度の左回転の場合は、どちらか一方を選ぶわけにはいかない。仮に、この場合には右回転を選ぶと決めても、回転軸の向きを逆にすれば、いままで左回転だったのが右回転になるからである。すなわち、図15の球Sの任意の直径と球の表面の二つの交点PとP′は同一の回転を表しているので、点PとP′は実は同一の点である。

図15の閉曲線αを連続的に変形して縮めていって一点にすることはできるが、P、P′を通る閉曲線βを連続的に変形して一点に縮めることはできない。このような空間を単連結でないという。つまり、回転と一対一対応する空間Sは単連結ではない。

そこで、球Sのほかにもう一つ半径πの球S_1を導入し、球Sの表面上の点Pと球S_1の表面上の点

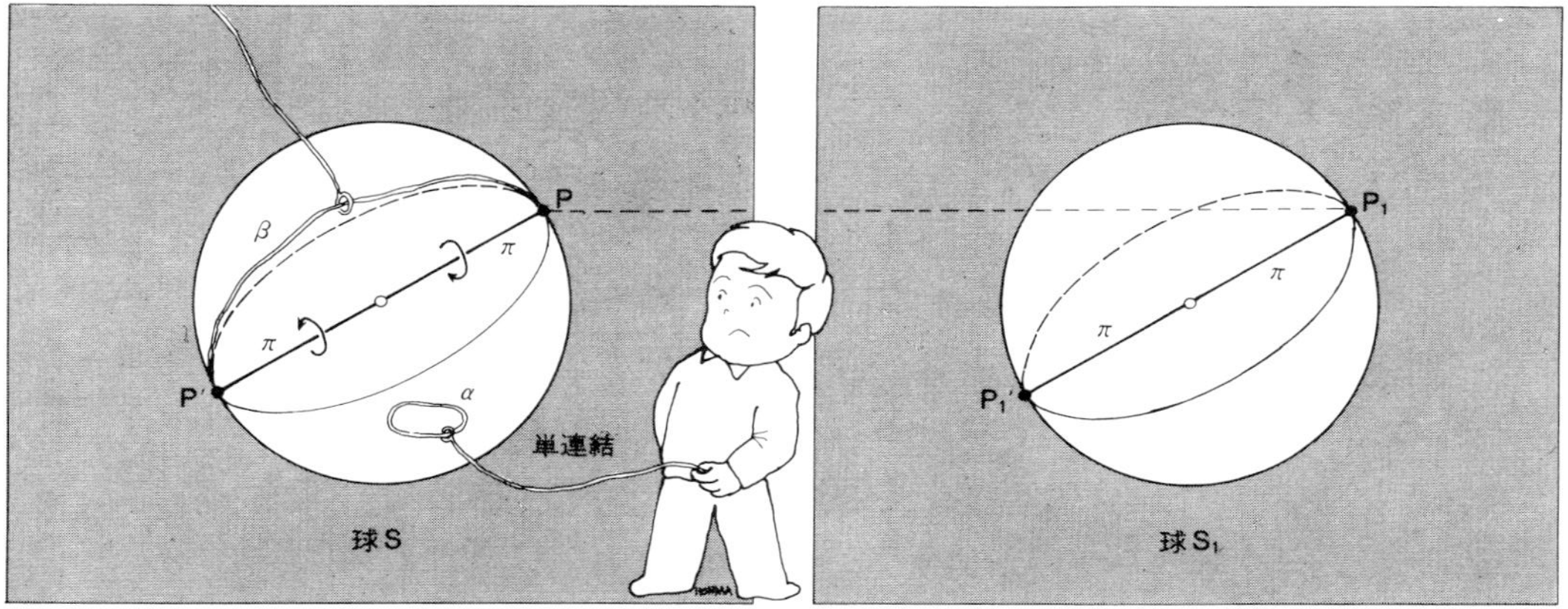

▲図 15　回転に対応する空間
(1)　球 S だけを考える場合
点 P と点 P′ は同一の回転に対応するので，同一の点である．閉曲線 α は連続的変形で 1 点に収縮できる．曲線 β は P と P′ が同一の点なので閉曲線である．閉曲線 β を閉曲線のまま連続的に変形して 1 点に収縮させることはできない．
(2)　球 S と球 S_1 の集合の空間 Σ を考える場合
2 点 P と P_1 は同一の点，2 点 P′ と P_1' は同一の点と考えるが，P，P_1 と P′，P_1' は同一の点とは考えない．空間 Σ における任意の閉曲線は連続的変形で 1 点に収縮できる．しかし，回転と空間 Σ は 1 対 2 対応である．

P_1は同一の点を表すと考え、その代りにPとP'、P_1とP_1'は別の点と考えることにしょう。そうすると、SとS_1の集合の空間Σは単連結になるが、今度は回転と空間Σとは一対二対応になる。

三次元空間での回転のこのような性質が、三六〇度回転ではもとに戻らず、七二〇度回転でもとに戻る現象の存在と結びついている。

二回転すると初めて最初の状態に戻る波の角運動量は$(1/2)\hbar$であることは、公転の場合との類推でわかる。

スピンの向きと波動関数

電子のスピンの角運動量が$(1/2)\hbar$であることは一九二〇年代にわかった。その理由は、自転している荷電粒子は回転軸の方向を向いた小磁石とみなせるが、この小磁石である電子を磁場の中に入れると、電子の小磁石の向きは磁場と同じ向きか逆向きの二通りしかないことが実験的に確かめられたからである。角運動量が$j\hbar$の場合には、回転軸の向きの違う$2j+1$種類の状態があるので、回転軸の向きの違う状態が二種類の場合には$j=1/2$となる。したがって、電子の自転の角運動量——スピン——は$(1/2)\hbar$なのである。

電子のスピン角運動量ベクトルのz軸方向成分を測定すると、実験結果は$(1/2)\hbar$か$-(1/2)\hbar$である。$J_z=(1/2)\hbar$のときスピンが上向き、$-(1/2)\hbar$のときスピンが下向きという。

電子の状態を表す波動関数を

$$\begin{pmatrix} \psi_1(x, y, z, t) \\ \psi_2(x, y, z, t) \end{pmatrix} \qquad (1)$$

と書く。$|\psi_1(x, y, z, t)|^2 \Delta x \Delta y \Delta z$ は時刻 t に点 (x, y, z) を含む微小体積 $\Delta x \Delta y \Delta z$ の中にスピンが上向きの電子を発見する確率で、$|\psi_2(x, y, z, t)|^2 \Delta x \Delta y \Delta z$ は下向きの電子を発見する確率である。

簡単のために、電子の波動関数が原点のまわりで球対称な場合を考えよう。

電子のスピンが上向きの状態——すなわちスピンの z 軸方向成分を測定すると必ず $(1/2)\hbar$ という結果が得られる場合——の波動関数は

$$\begin{pmatrix} \psi(r, t) \\ 0 \end{pmatrix} \qquad (2)$$

である。

この状態の電子を y 軸のまわりに九〇度回転してみよう。回転後に電子のスピンは x 軸方向を向くことになるので、スピンの z 軸方向の成分を測ると0になると思われる。しかし量子力学によると、J_z の測定値は $(1/2)\hbar$ か $-(1/2)\hbar$ に限られる。実験を行うと、$J_z=(1/2)\hbar$ という測定結果が得られる確率が50%、$J_z=-(1/2)\hbar$ という測定結果が得られる確率が50%である。したがって、スピンの z 軸方向成分の測定を数多く行って平均をとると0になり、量子論では平均値が古典論の結果と一致する。この状態の波動関数は

$$\begin{bmatrix} \psi(r,t)/\sqrt{2} \\ \psi(r,t)/\sqrt{2} \end{bmatrix} = \begin{bmatrix} \psi(r,t)\cos 45^\circ \\ \psi(r,t)\sin 45^\circ \end{bmatrix}$$

である。

この状態をy軸のまわりにさらに九〇度回転すると、スピンは下向きになるので、J_zを測定すると、結果は必ず$-(1/2)\hbar$である。波動関数は

$$\begin{bmatrix} 0 \\ \psi(r,t) \end{bmatrix} = \begin{bmatrix} \psi(r,t)\cos 90^\circ \\ \psi(r,t)\sin 90^\circ \end{bmatrix}$$

である。

このように上向きのスピンの電子をy軸のまわりにθラジアン回転すると、波動関数は

$$\begin{bmatrix} \psi(r,t)\cos\dfrac{\theta}{2} \\ \psi(r,t)\sin\dfrac{\theta}{2} \end{bmatrix} \qquad (3)$$

となる。この事情を図解すると図16のようになる。上側の図は電子をy軸のまわりにθラジアン回転したことを示す。下側の図は電子の状態を表す図で、電子の波動関数の二成分ψ_1、ψ_2を縦軸と横軸に選んだ。この図から電子の状態の変化の角度は$(1/2)\theta$であることがわかる。

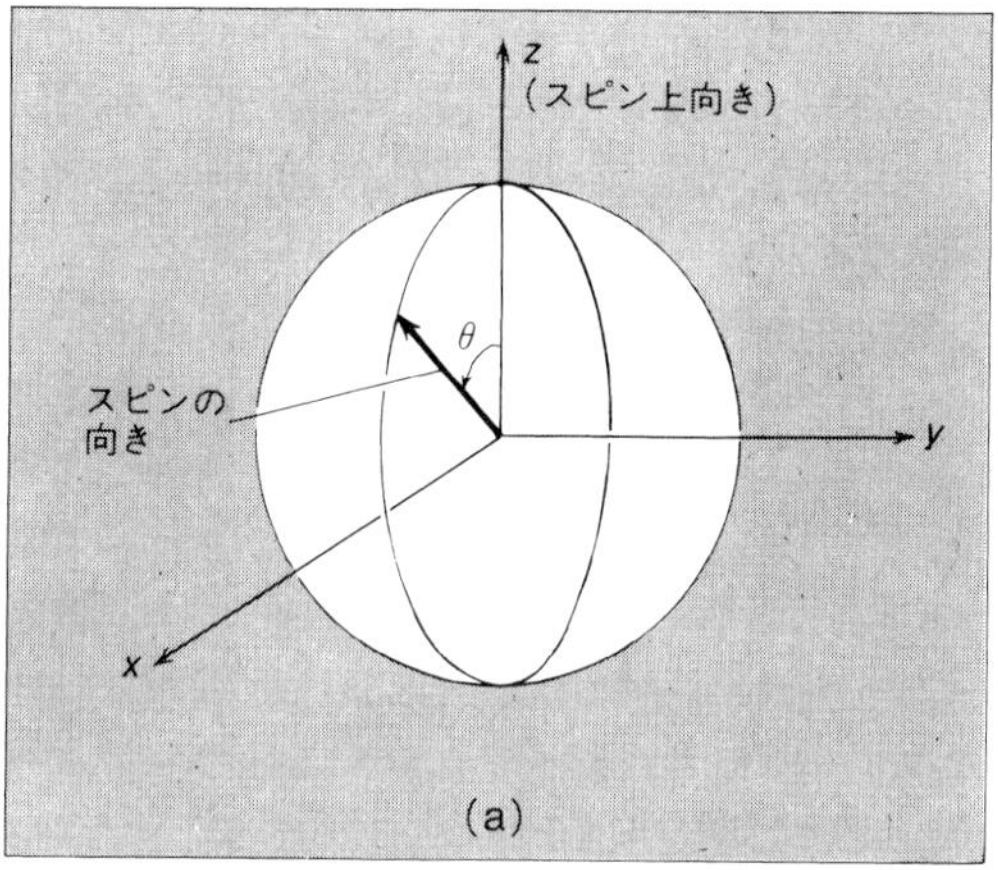

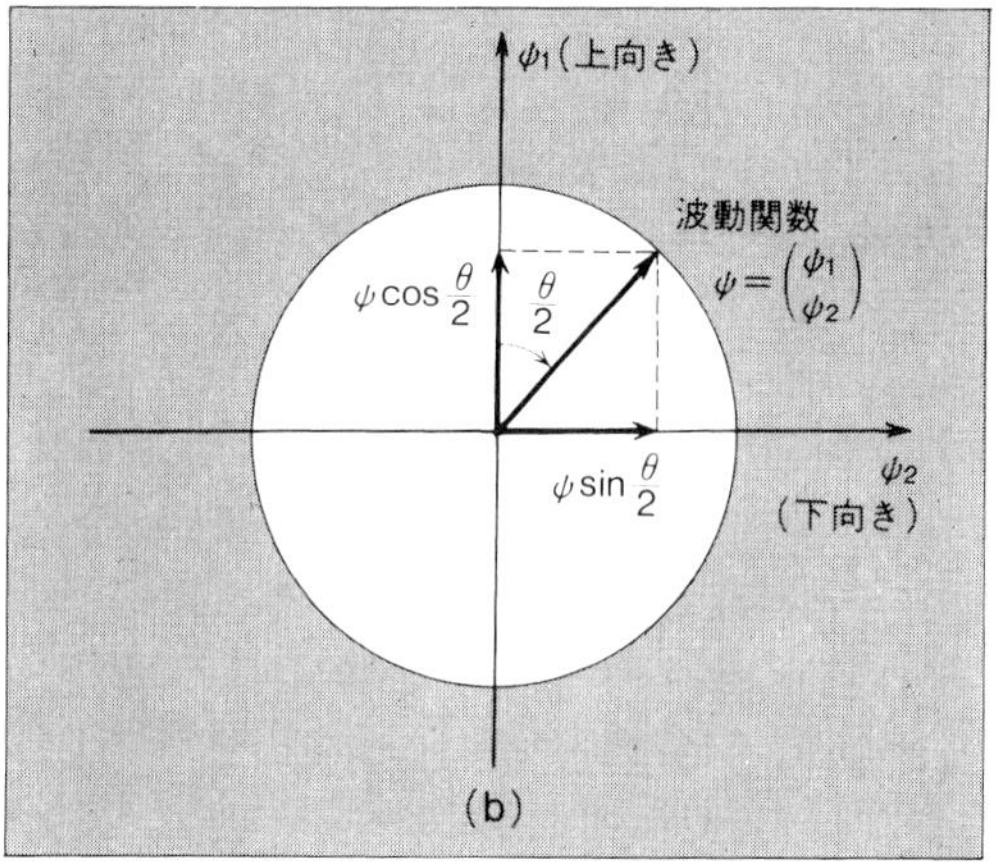

▲図 16　(a) y 軸のまわりの電子の回転（回転角 θ）と，(b)電子の波動関数の変化（位相角$\dfrac{\theta}{2}$），$\psi_1=\psi\cos\dfrac{\theta}{2}$，$\psi_2=\psi\sin\dfrac{\theta}{2}$

y軸のまわりに電子を三六〇度回転すると、波動関数は

$$\begin{pmatrix} \psi(r,t)\cos\dfrac{360^\circ}{2} \\ \psi(r,t)\sin\dfrac{360^\circ}{2} \end{pmatrix} = \begin{pmatrix} -\psi(r,t) \\ 0 \end{pmatrix}$$

となり、最初の波動関数（2）にもどらず、逆符号（$\psi \to -\psi$）になっている。七二〇度回転して、初めて最初の波動関数にもどる。このような量を「スピノル」という。

なお、波動関数が式（1）の電子をz軸のまわりにϕラジアン回転すると、波動関数は

$$\begin{pmatrix} \psi_1 e^{-i\phi/2} \\ \psi_2 e^{i\phi/2} \end{pmatrix} \tag{4}$$

となる。この場合も三六〇度の回転ではψは$-\psi$と逆符号になり（$e^{\pm\pi i}=-1$）、七二〇度回転して初めて最初の状態にもどる（$e^{\pm 2\pi i}=1$）。これを波動関数の二価性という。一つのスピンの向きに対してψと$-\psi$の二つの波動関数が対応するからである。

しかし、電子の波動関数 $\psi(\boldsymbol{x},t)$ は、$\boldsymbol{x}$、tの一価関数であって、$\boldsymbol{x}$、tの二価関数ではないことを注意しておこう。したがって、電子の波が原子核のまわりをひとまわりする間に1/2振動して半波長しか進まず、ふたまわりして初めて最初の状態に戻ることは起こらない。

6　波動関数の符号は見える？

こまの「みそすり」運動

物体を三六〇度回転すると最初の状態にもどり、何の変化も起こらないように思われるが、量子力学の世界ではそうとは限らないことを前章で説明した。電子、陽子、中性子などのスピンが1/2の素粒子のスピンを z 軸のまわりに ϕ ラジアン回転させると、素粒子の波動関数

$$\psi=\begin{pmatrix}\psi_1\\ \psi_2\end{pmatrix} \text{ は } \begin{pmatrix}\psi_1 e^{-i\phi/2}\\ \psi_2 e^{i\phi/2}\end{pmatrix} \quad (1)$$

となる。すなわち、これらの素粒子のスピンを z 軸のまわりに三六〇度回転させると、波動関数

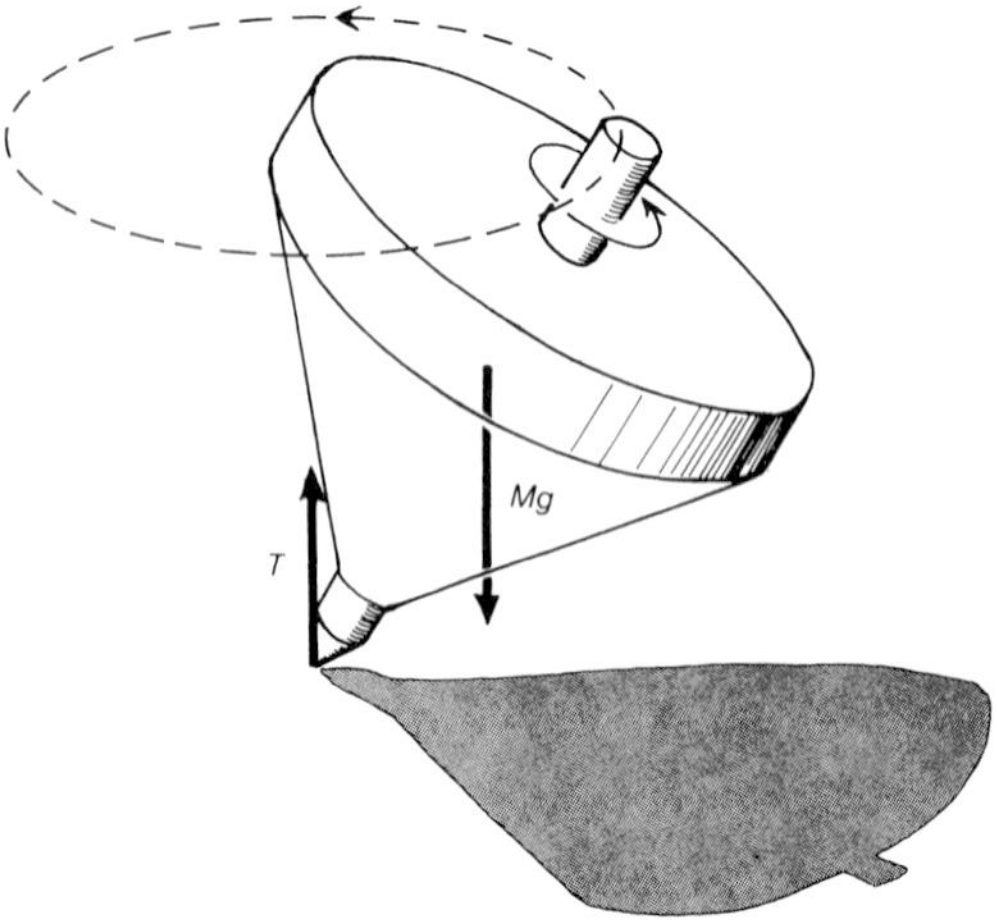

▲図 17　こまの歳差運動（みそすり運動）

$\psi(\boldsymbol{x}, t)$ の符号が変わって $-\psi(\boldsymbol{x}, t)$ となり、七二〇度回転させると初めて最初の値にもどる（$e^{\pi i}=-1, e^{2\pi i}=1$）。

しかし、量子力学で物理的な意味をもつのは複素数の ψ 自身ではなく、実数の $|\psi|^2$ の形の量である。そこで、ψ が三六〇度回転で $-\psi$ になっても $|\psi|^2$ はちゃんともとの価にもどるので、実験的に ψ の二価性を確かめることはできないと考えた人は多かった。本当に ψ と $-\psi$ の二価性を確かめられないのだろうか。

三六〇度回転での波動関数の符号の変化を確かめるには、二つの部分AとBから構成された系を考えて、一方の部分Bだけを三六〇度回転して、その回転が系全体に及ぼす効果、つまり $|\psi_A+\psi_B|^2$ が $|\psi_A-\psi_B|^2$ に変化するかどうかを確かめればよい。

素粒子のスピンを回転させるには、磁場の中に素粒子を入れて、素粒子の磁気モーメントに働く磁気力を利用すればよい。こまの軸が傾いているときには、重力と地面の抗力による偶力のために、こまの軸がみそすり運動（歳差運動）を行うように（図17）、磁場の中の磁気モーメントも、

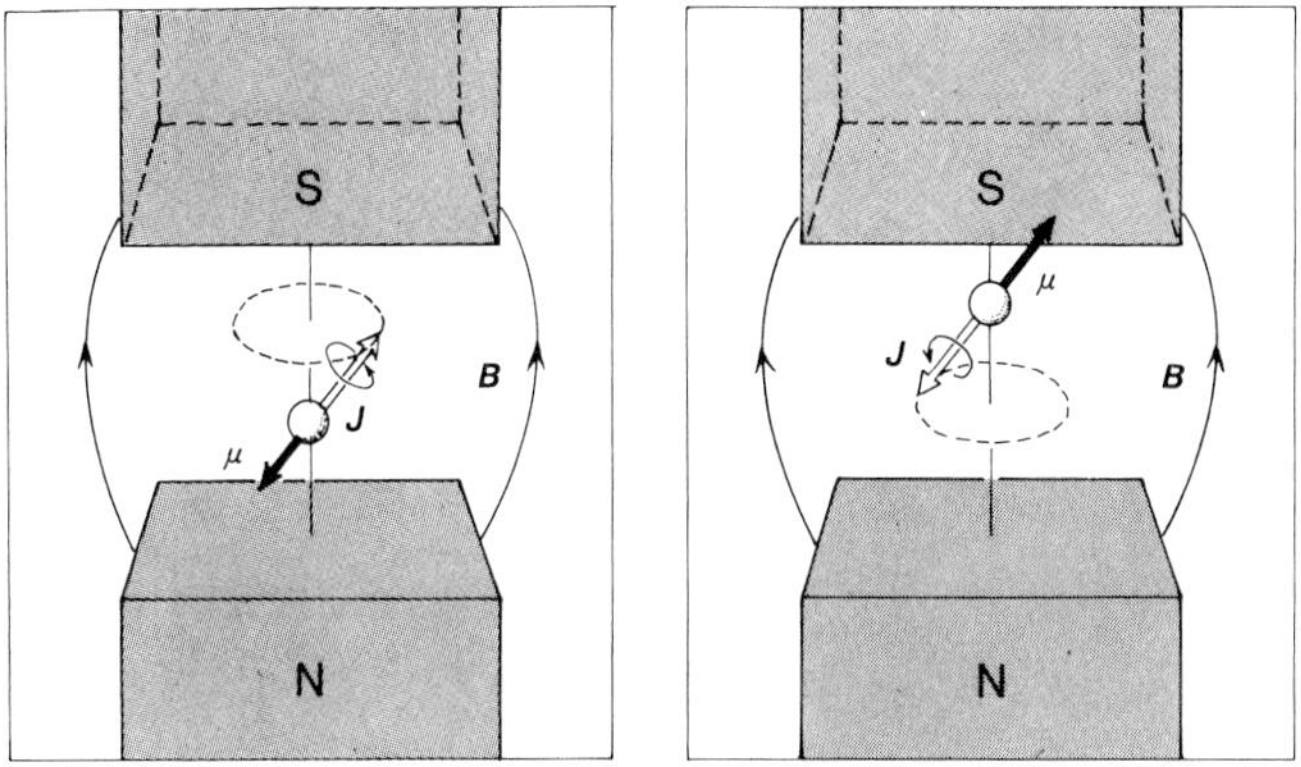

(a)　(b)

▲図18　中性子の磁気モーメント μ の歳差運動（J はスピン）．
(a)　スピン上向きの場合．(b)　スピン下向きの場合

磁場による偶力によって、磁場の方向を回転軸として歳差運動を行う（図18）。

スピンと磁気モーメント

電子、陽子、中性子などはすべてスピンの方向を向いた磁気モーメントをもっているので、微小な磁針にたとえられる。中性子は直径が約10^{-15}メートルの広がりをもつ粒子で、中心付近に正電荷、周辺部に負電荷が分布しているので、その磁気モーメント（大きさμ）の向きはスピンと逆向きである（図18）。

この磁気モーメントは、磁場Bの中では、磁場の方向を回転軸として、振動数

$$\nu=\frac{2\mu B}{h} \qquad (2)$$

の歳差運動を行うことが、運動方程式から

わかる（スピンの大きさは $(1/2)\hbar$ である）。これは「ラーモアの歳差運動」とよばれている。

したがって、運動量 p[$=$質量×速度（$p=mv$）] の中性子を長さ l の一様な磁場を通過させると、中性子は通過時間 l/v の間に磁場の方向を軸として、回転角

$$2\beta=2\pi\nu\frac{l}{v}=\frac{4\pi\mu lB}{hv}\ \text{ラジアン} \tag{3}$$

の回転を行う。

そこで、式（1）によって磁場を通った後の中性子の波動関数は、磁場がない場合の波動関数に位相因子がかかって、

$$\begin{pmatrix}\psi_1\\ \psi_2\end{pmatrix}\longrightarrow\begin{pmatrix}\psi_1 e^{-i\beta}\\ \psi_2 e^{i\beta}\end{pmatrix} \tag{4}$$

になると予言される。

このような予想は第4章に説明した中性子干渉計を使って確かめられた。

中性子波の干渉と磁場

原子炉から出てくる熱中性子からつくった単色（一定な波長 λ）の中性子ビームを、第4章で説明した中性子干渉計に入射しよう（4章の図12）。

単色で偏極してない中性子のビームを干渉計の最初の耳にブラッグ角 θ で入射すると、結晶の表

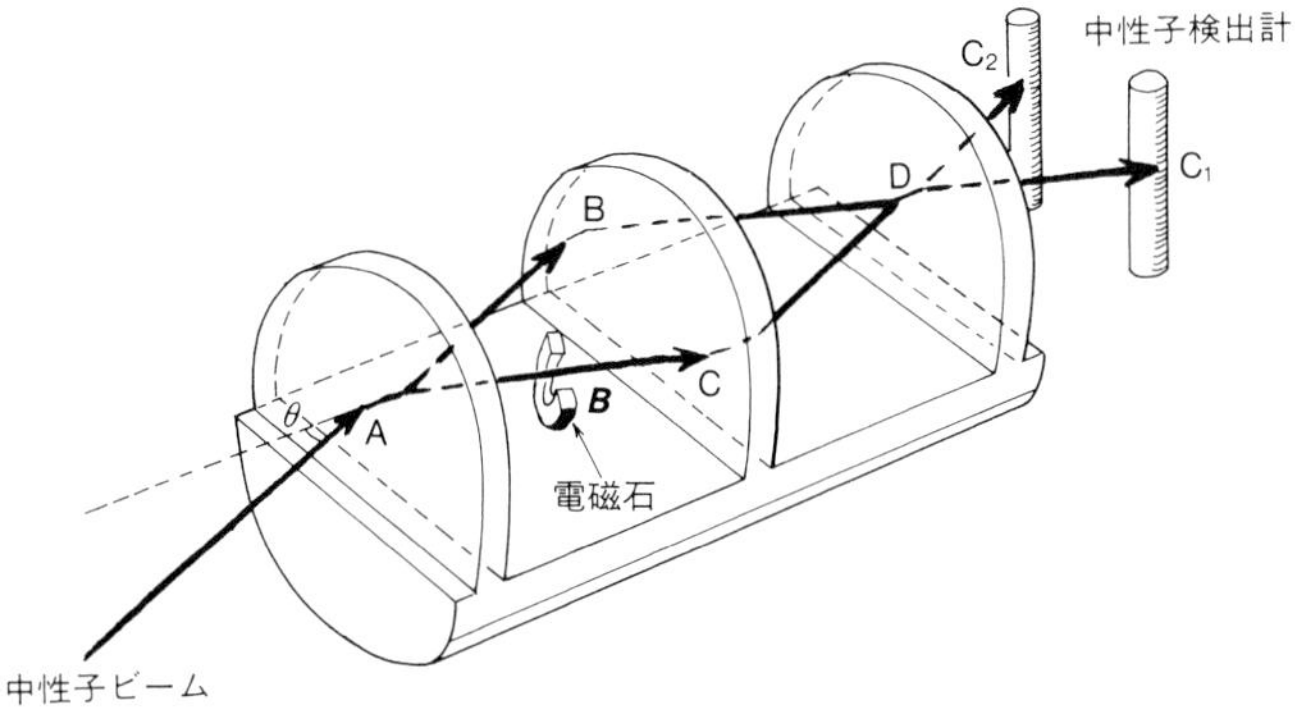

▲図 19　実験の概念図．ＡとＣの間で中性子ビームは磁場を通過する．

面に垂直な耳の内部の結晶面で回折される（ラウエ散乱）。このようにブラッグ角で入射したビームは、第一の耳を透過するもの（A→B）とラウエ散乱されるもの（A→C）とに分かれて二本のビームとなり、第一と第二の耳の間の空間を直進し、第二の耳に入射して、透過とラウエ散乱によって四本のビームになる。このうちラウエ散乱した真中の二本のビーム（B→DとC→D）は第三の耳の同じ場所Dに入射して、透過あるいはラウエ散乱して二つの中性子検出計（C_1とC_2）に入射する（図19）。これらの中性子検出計は二つの道筋A→B→DとA→C→Dを通ってきた二つの中性子波の干渉現象の検出装置である。

ここで点Aから点Cに向かう中性子ビームは電磁石の磁場を通過するようになっている。

入射中性子ビームは偏極していないので、そのうちの50％はスピンが上向きで、残りの50％はスピンが下向きであり、上向きと下向きの波動関数の干渉はない。

検出計C_2に入ってくるA→B→DとA→C→Dの二本の

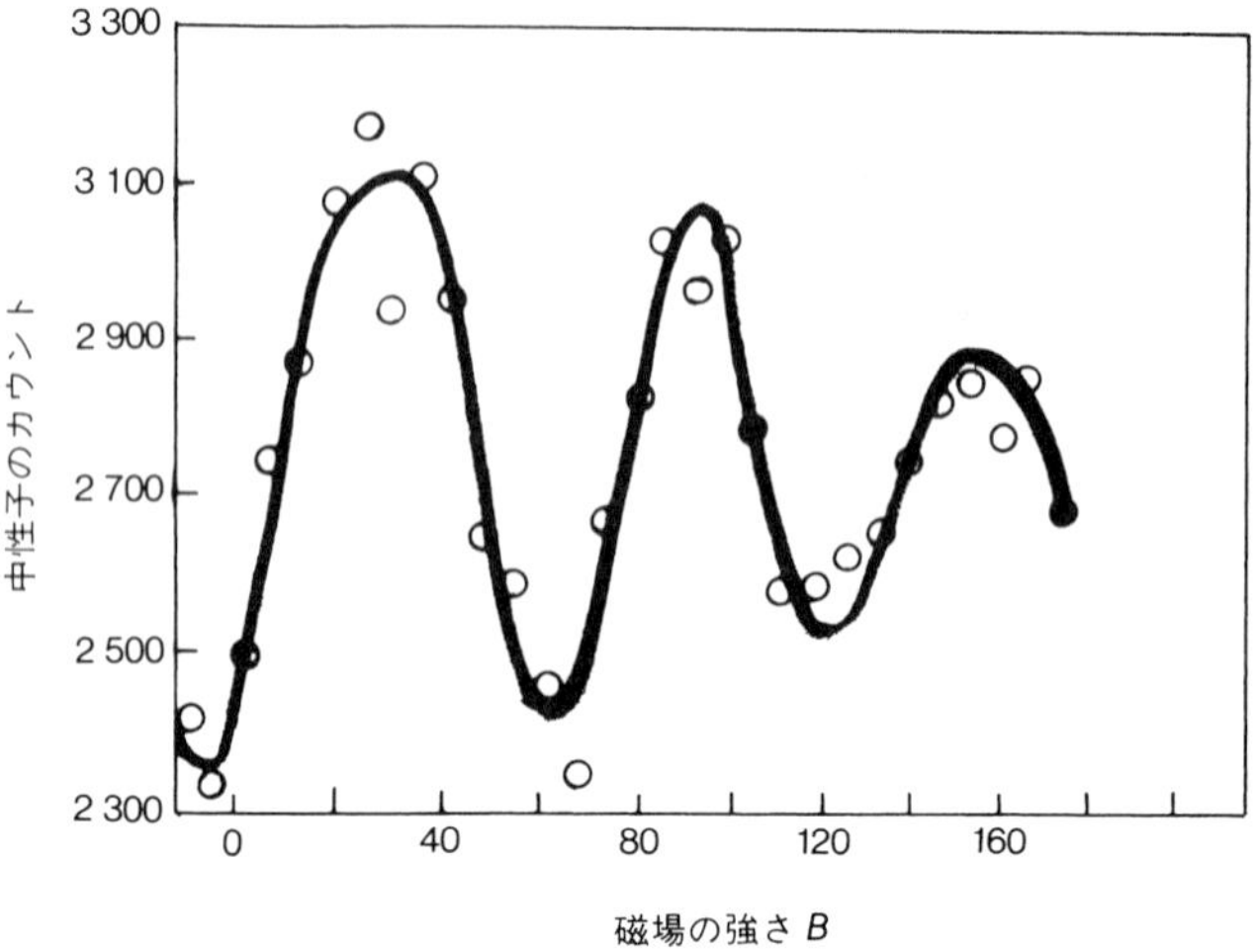

▲図 20　中性子検出計 C_2 と C_1 のカウントの差 $I_2 - I_1$.
横軸は磁極間のギャップでの磁場の強さ B を表す（単位はガウス）.

ビームのうち、A→C→Dビームの波動関数にはスピンが上向きの場合には$e^{-i\beta}$、下向きの場合には$e^{i\beta}$、という因子が磁場の効果でかかる。この結果、中性子検出計C_2に入る中性子の強度I_2は

$$I_2 \propto 1 + \cos\beta \qquad (5)$$

となる。[*1] 第二項は、二本のビームの干渉効果による項である。式（3）からわかるように、βは磁場の強さBに比例する。そこで、磁場の強さを変化させると、検出計C_2に入射する中性子の強度I_2は変化するはずである（検出計C_1に入射する中性子の強度をI_1とすると、$I_1 + I_2 =$一定である）。

実験による検証

一九七五年にこの干渉効果を初めて実験によって確かめた、米国のワーナー、コレラ、

オーバーハウザーとC・F・イーガンの実験結果を図20に示す。磁場の強さの変化につれて干渉の仕方がはっきり変化している様子がわかる。この実験結果を理論的に分析すると、磁場によってスピンが三六〇度($2\beta=2\pi$) 回転すると波動関数は符号を変え ($\psi\rightarrow-\psi$)、スピンが七二〇度($2\beta=4\pi$) 回転すると波動関数ははじめて最初の状態にもどる ($\psi\rightarrow\psi$) という理論の予想が実験によって見事に確かめられていることがわかった。

このような実験を行えばスピン1/2の粒子の波動関数の二価性が確かめられることは、一九六七年に米国のH・J・バーンスタインが最初に指摘した。ほぼ同じ頃に、米国のY・アハラノフとI・サスカインドも別のタイプの実験による検証の可能性を指摘している。

中性子干渉計によるスピン1/2の粒子の波動関数の二価性の実験的検証は、欧州においてもH・ラオホとH・ボンゼによって米国とほぼ同時に行われた。

脚注

＊1　$I_2=I_2(\uparrow)+I_2(\downarrow)=$定数 $[|1+e^{-i\beta}|^2+|1+e^{i\beta}|^2]\propto 1+\cos\beta$

7　ゲージ理論

美しい力の法則

巨視的な物体の運動を決める基本法則は運動の法則と力の法則である。ふつう力の法則はあまり重視されないが、その理由は日常生活で経験する力は摩擦力、垂直抗力、粘性力などの現象論的な力だからであろう。これらの現象論的な力は物質を構成する分子や原子の間に働く電気力の複合効果であり、これらの複合効果としての力の法則は自然の基本的な法則ではない。

巨視的世界での基本的な力の法則は電磁気力の法則と万有引力の法則である。これらの基本的な力の強さは、距離の二乗に反比例し、電荷の積、質量の積に比例するという簡単で美しい形をして

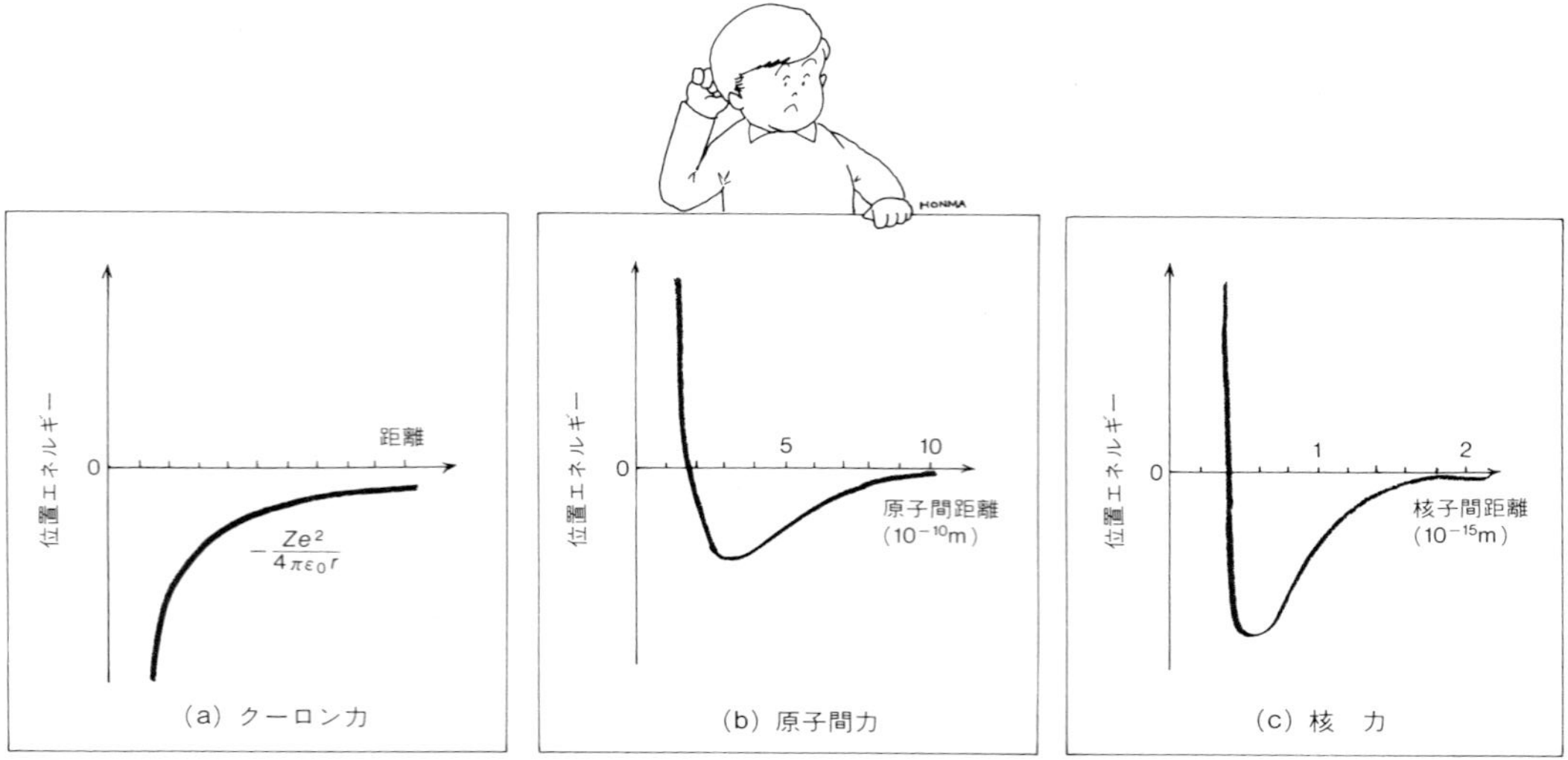

▲図 21　クーロン力，原子間力，核力の位置エネルギー

いる。さらに、この力の法則に現れる電荷と質量は保存するという著しい性質をもっている。この美しい力の法則の基礎にあるのがゲージ原理である。

微視的な物体——分子、原子、電子、原子核、核子——の運動の法則は量子力学のシュレーディンガー方程式である。この方程式に力は位置エネルギーという形で現れる。電子と電子、電子と原子核の間に働く電気力の位置エネルギーは

$$e^2/4\pi\varepsilon_0 r,\ -Ze^2/4\pi\varepsilon_0 r$$

という簡単な形をしているが(図21a)、分子間力や原子間力の位置エネルギーは複雑な形をしている(図21b)。これは複合粒子の分子や原子の間に働く力は、分子や原子の構成要素の間に働く力の複合効果だからである。

原子核と原子核あるいは核子と核子の間に働く核力(強い力)の位置エネルギーも複雑な形をしていて、数式では近似的にさえ書き表せないほどである(図21c)。これは原子核は核子から、核子はクォークから構成された複合粒子だからである。

クォークの間に働く強い力の法則(量子色力学)、クォークやレプトン(電子、ニュートリノなど)の間に働いて原子核がβ崩壊をひき起こす原因になる弱い力の法則(ワインバーグ-サラム理論)も簡単で美しい形をしていて、ゲージ原理を基礎にしている。

本章ではゲージ原理に基づくゲージ理論を、電磁場の中を運動する電子の量子力学との関連で学ぼう。

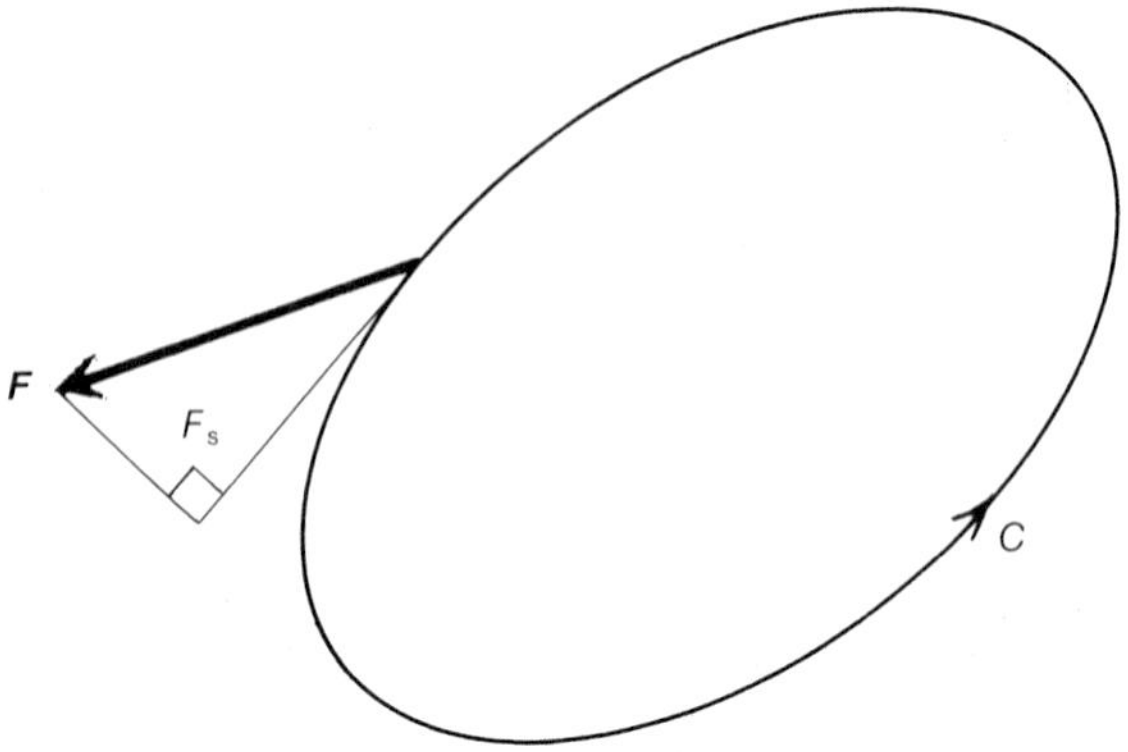

▲図22 $\oint_C F_s ds=0$ の場合に力 F は保存力で，保存力は位置エネルギーの勾配である．

ゲージ変換とは何か？

物理学を学ぶときに、「ゲージ」という言葉に最初に出会うのは電磁気学における「ゲージ変換」である。その説明から始めよう。

力学では位置エネルギーを学ぶ。たとえば、基準の位置からの高さが x の地点にある質量 m の物体の重力の位置エネルギーは mgx である。位置エネルギーは保存力に対して定義される。「保存力 $\boldsymbol{F}$ とは、向きのある閉曲線に沿って力 $\boldsymbol{F}$ の接線方向成分 F_s を積分すると、0であるような力」である（図22）。そして保存力は位置エネルギーの勾配に等しい。

電磁気学の場合には、電場と磁場の二種類のベクトル場が存在する。したがって、単位正電荷を帯びた荷電粒子に対するクーロン力の位置エネルギーと考えてよいスカラーポテンシャル $\phi(\boldsymbol{x}, t)$ のほかに、ベクトルポテンシャル $\mathbf{A}(\boldsymbol{x}, t)$ を導入せねば

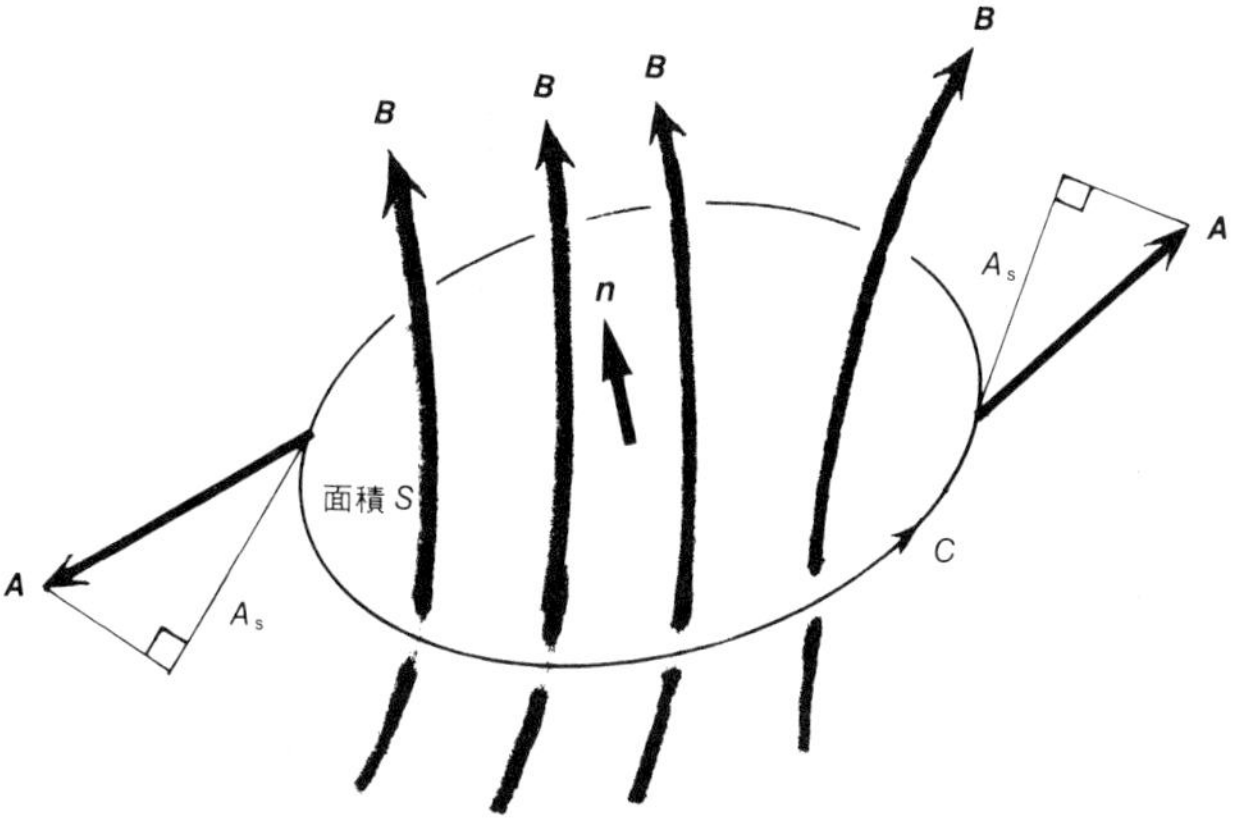

▲図 23　ベクトルポテンシャル A は磁束 Φ_s を使って $\oint_c A_s ds = \Phi_s$ と定義される．微小閉曲線 C の囲む微小平面の面積を S，法線を n とすると，微小平面での磁場は $B_n = \frac{1}{S}\oint_c A_s ds$

ならない。

ベクトル量であるベクトルポテンシャルは直観的には理解しにくい量で、「向きのある閉曲線 C に沿ってのベクトルポテンシャル $\boldsymbol{A}$ の接線方向成分 A_s の積分」＝「閉曲線 C を縁とする面 S を貫く磁束（磁束線の数）Φ_s」という関係で定義される（図23）。

一様な磁場（図24 a）に対するベクトルポテンシャルの例を図24 b に示す。ベクトルポテンシャルは積分によって定義されているので、一義的には決まらない。図24 c に示すベクトルポテンシャルも図24 a の一様な磁場に対応している。

同一の磁場に対して二つのベクトルポテンシャル $\boldsymbol{A}_1$ と $\boldsymbol{A}_2$ が存在すれば、その差 $\Delta\boldsymbol{A} = \boldsymbol{A}_1 - \boldsymbol{A}_2$ の閉曲線に沿っての接線方向成分 ΔA_s の積分は0である。したがって、位置

エネルギー $V(\boldsymbol{x})$ から $\boldsymbol{F}=-\nabla V(\boldsymbol{x})$ という関係で導びかれる保存力との類推で、スカラー関数 $\Lambda(\boldsymbol{x})$ を導入して、$\Delta\boldsymbol{A}=-\nabla\Lambda(\boldsymbol{x})$ と表せる。

電場には二種類ある。スカラーポテンシャルの勾配に等しいクーロン電場（$-\nabla\phi$）と、電磁誘導による誘導電場である。「閉曲線に沿って生じる誘導起電力（すなわち、誘導電場の接線方向成分の積分）は閉曲線を貫く磁束の時間変化率に等しい」というファラデーの法則とベクトルポテンシャルの定義を比べると、誘導電場はベクトルポテンシャルの時間変化率（$-\partial\boldsymbol{A}/\partial t$）に等しいことがわかる。

このように、電場と磁場はスカラーポテンシャルとベクトルポテンシャルで表さ

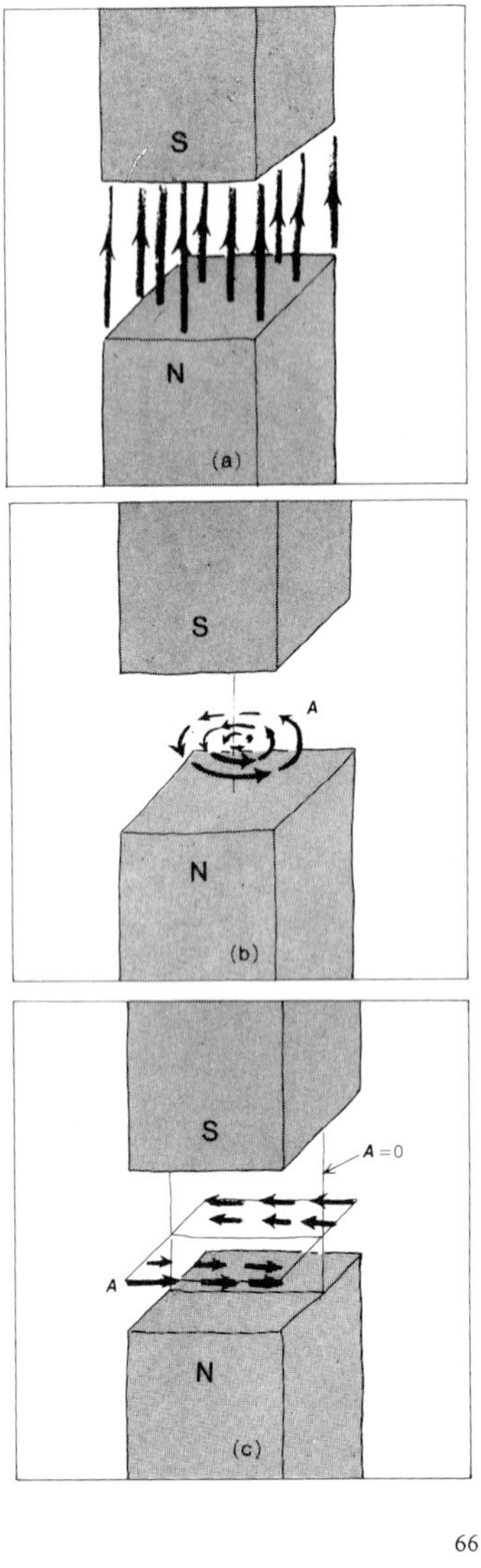

▶図24　一様な磁場のベクトルポテンシャル．(a)磁場，(b)円筒状の流れをもつ A，(c) 層状の流れをもつ A．この A は(b)に示す A とゲージ変換で関係づけられている．

れるが、対応は一義的ではないことがわかった。相対論では二種類のポテンシャルをまとめて四元ポテンシャル

$$A=(A_1=A_x,\ A_2=A_y,\ A_3=A_z,\ A_0=\phi/c)$$

と表す（cは真空中の光の速さ）。

さて、重力の位置エネルギー $V(x)$ は基準点をどこに選んでもよいので、$V(x)$ の代りに $V(x)+a$（aは任意の定数）を使ってもよいという不定性がある。この定数aはすべての場所と時刻に共通の定数である。ところが、電磁気学のスカラーポテンシャルの不定性はもっと複雑で、スカラーポテンシャルを測る基準点を場所ごと時刻ごとに変えてもよい。

そこで、$\Lambda(\boldsymbol{x},t)$ を場所$\boldsymbol{x}$と時刻tの任意のスカラー関数として、$\phi(\boldsymbol{x},t)$ の代りに

$$\phi(\boldsymbol{x},t)+\partial\Lambda(\boldsymbol{x},t)/\partial t$$

を使うことにすると、付け加えた項の勾配 $-\nabla(\partial\Lambda/\partial t)$ だけ電場が変化するという困難が生じるように思われる。しかし、電場には誘導電場（$-\partial\mathbf{A}/\partial t$）があるので、ベクトルポテンシャル $\mathbf{A}(\boldsymbol{x},t)$ の代りに

$$\mathbf{A}(\boldsymbol{x},t)-\nabla\Lambda(\boldsymbol{x},t)$$

を使えば、二つの付加項は打ち消し合って電場は変化しない。ベクトルポテンシャルがスカラー関数 $\Lambda(\boldsymbol{x},t)$ の勾配に比例する変化を行っても磁場は不変であることは前に示した。

つまり、四元ポテンシャル $A(x)$ が任意のスカラー関数 $\Lambda(x)$ の四次元時空間（$x_1=x,\ x_2=y,$

$x_3=z$, $x_0=ct$）での勾配に比例する変化を行って、$A(x)-\nabla\Lambda(x)$ になっても、電場と磁場は変化しないことがわかった。

電場と磁場を変えないこのような四元ポテンシャルの変換を「ゲージ変換」という。電磁気学の基礎法則のマクスウェル方程式は電場と磁場に対する方程式なので、電磁気学はゲージ変換で不変である。

波動関数は複素数

ゲージ変換の物理的意味がはっきりするのは、複素数の波動関数の現れる量子力学においてである。

位置エネルギー $V(\boldsymbol{x})$ を測る基準点を変えると、$V(\boldsymbol{x})$ が $V(\boldsymbol{x})+a$ となり、エネルギーEが定数aだけ増加するので、波動関数の $\mathrm{e}^{-\mathrm{i}Et/\hbar}$ という因子は $\mathrm{e}^{-\mathrm{i}at/\hbar}\,\mathrm{e}^{-\mathrm{i}Et/\hbar}$ となり、波動関数ψの位相が $at/\hbar$ だけ減少する。しかし物理量にはψ^*とψの積が現れるので、この位相の変化は打ち消しあう（ψ^*はψの複素共役）。

電荷Qの荷電粒子が静電場の中にあるときには $V(\boldsymbol{x})=Q\phi(\boldsymbol{x})$ なので、$\phi(\boldsymbol{x})$ が $\phi(\boldsymbol{x})+a$ になると荷電粒子の波動関数の位相は $Qat/\hbar$ だけ減少する。

反応 $\mathrm{A}+\mathrm{B}\to\mathrm{C}+\mathrm{D}$ では、始状態の波動関数ψ_iの位相は $(Q_A+Q_B)at/\hbar$ だけ減少し、終状態の波動関数ψ_fの位相は $(Q_C+Q_D)at/\hbar$ だけ減少する。しかし、電荷保存則 $Q_A+Q_B=Q_C+Q_D$ によって、

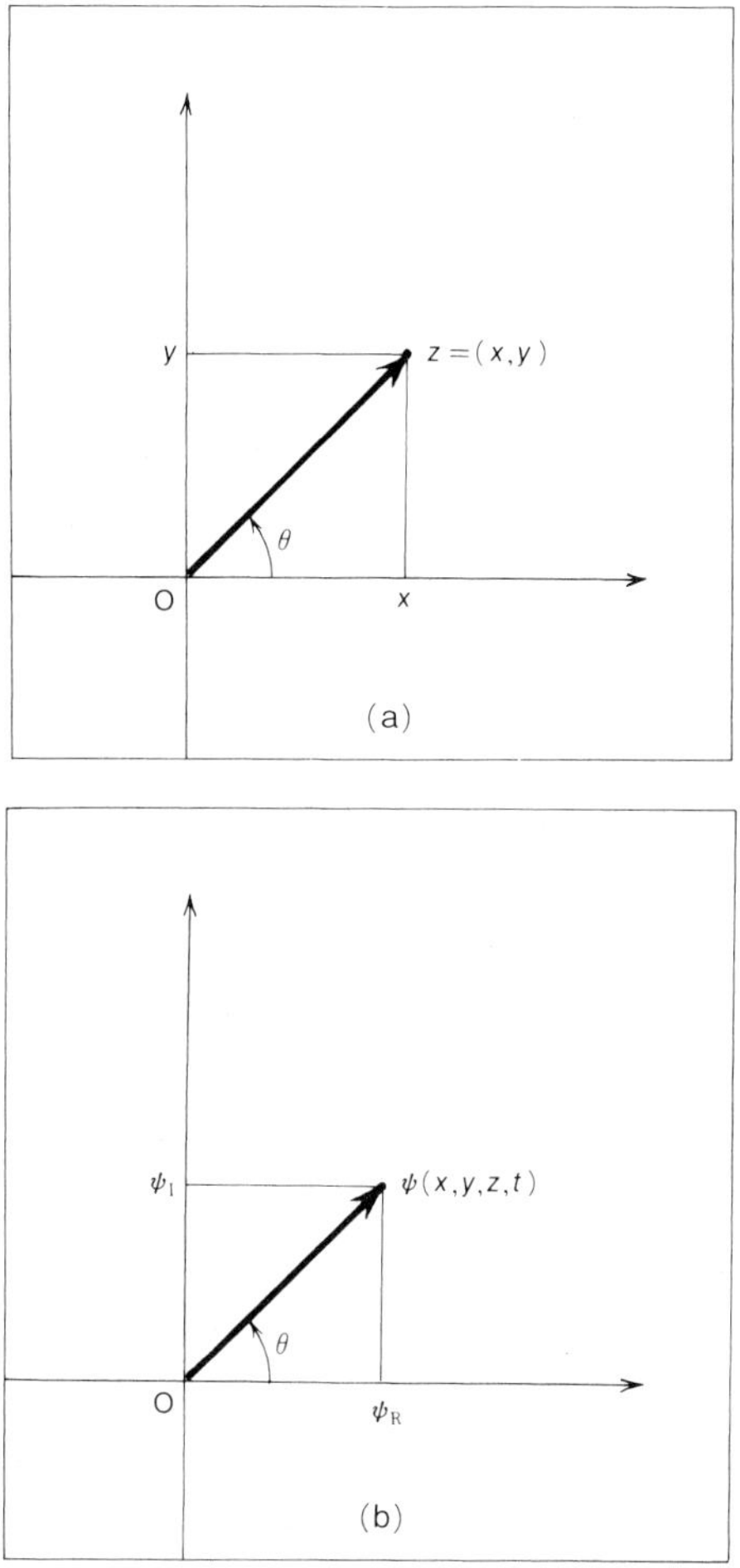

▲図 25 (a) 複素数 $z=x+\mathrm{i}y$ をベクトル $(x,\ y)$ で表す．(b) 複素関数 $\psi(x,\ y,\ z,\ t)=\psi_R(x,\ y,\ z,\ t)+\mathrm{i}\psi_I(x,\ y,\ z,\ t)$ をベクトルで表す $(\mathrm{i}^2=-1)$．$\psi(x)=|\psi(x)|(\cos\theta+\mathrm{i}\sin\theta)=|\psi(x)|e^{\mathrm{i}\theta}$.

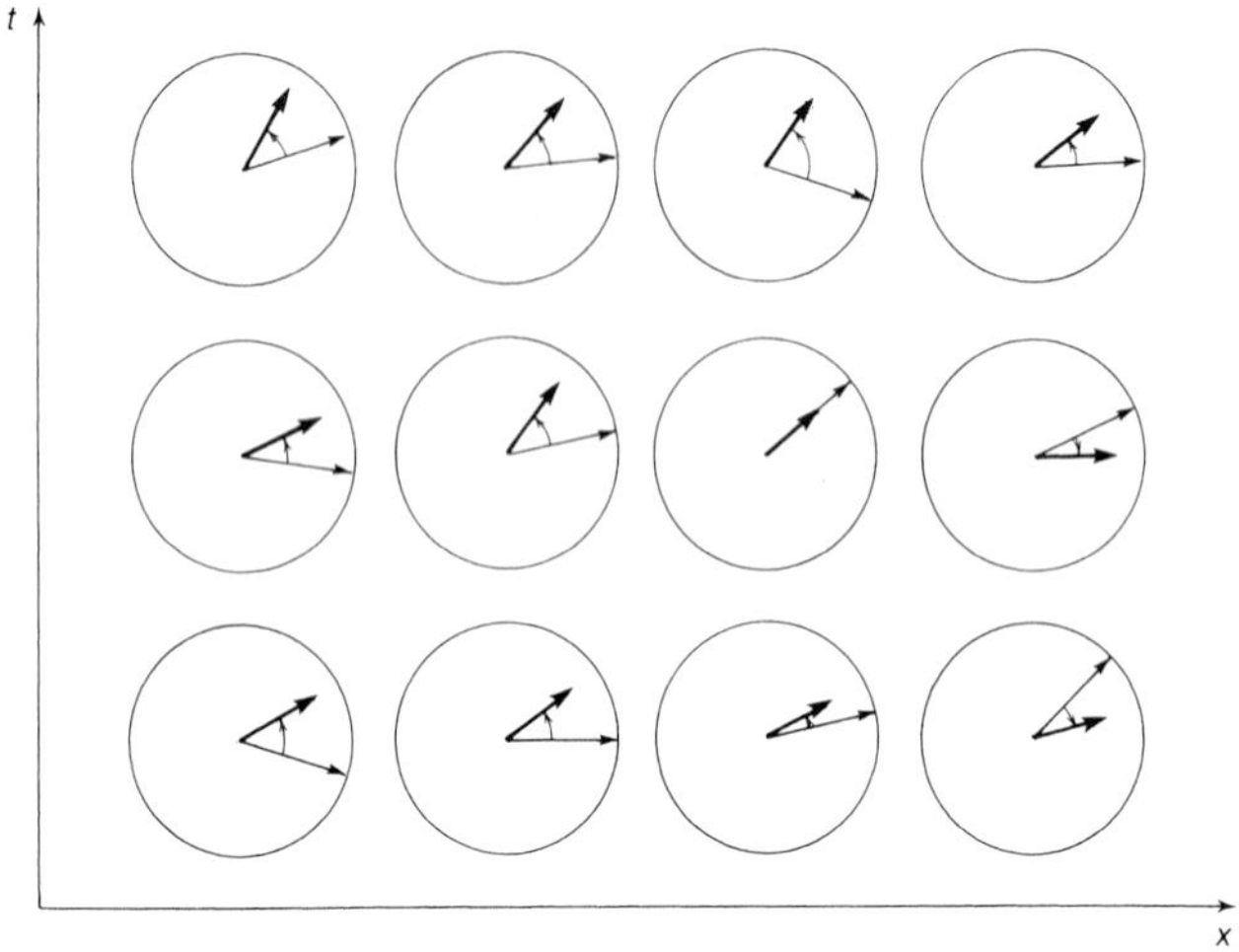

▲図 26　波動関数 $\psi(x, t)$．無数の円板を並べて各時空点での $\psi(x, t)$ を表す．太い矢印が $\psi(x, t)$ を表し，長い矢印は基準ベクトルを表す．

この位相の変化はψ_f^*とψ_iの積では打ち消し合う。これを電荷保存に対応する大域的変換での不変性という。

上に示したことをゲージ変換の場合に一般化しよう。スカラーポテンシャル $\phi(\boldsymbol{x}, t)$ がゲージ変換で $\phi(\boldsymbol{x}, t)+\partial\Lambda(\boldsymbol{x}, t)/\partial t$ に変わったとすると、電荷Qの粒子の波動関数の位相は時間tの間に $Qat/\hbar$ ではなく、

$$(Q/\hbar)\int_0^t \mathrm{d}t\partial\Lambda/\partial t=(Q/\hbar)\Lambda(\boldsymbol{x}, t)$$

だけ減少する（$\Lambda(\boldsymbol{x}, 0)=0$ とした）。

波動関数は複素数である。複素数はガウス面上のベクトルで表されるので（図25）、四次元時空間の各点に抽象的な二次元空間がついていて、波動関数はその抽象的な空間の中でのベクトルとして表すことができる（図26）。この抽象的空間を内部空間という。複

素数である波動関数の位相を決めるために、ガウス面に基準ベクトルを導入せねばならない。波動関数を表すベクトルと基準ベクトルのなす角が波動関数の位相角である。

したがって、ゲージ変換とは、時空点 x での基準ベクトルの方向の角 $(Q/\hbar)\Lambda(x)$ の回転に対応することがわかる。このことと、ゲージ変換は四元ポテンシャルの変換であることを結びつけると、四元ポテンシャルに対する次のような幾何学的解釈に導びかれる。

ゲージ原理から物理法則へ

基準ベクトルの方向は一般に時空点ごとに違っている。電荷 Q の粒子の時空点 x での内部空間の基準ベクトル $\boldsymbol{a}$ を最短距離を通って時空点 $x+\mathrm{d}x$ まで平行移動したベクトル $\boldsymbol{a}'$ と点 $x+\mathrm{d}x$ での内部空間の基準ベクトル $\boldsymbol{b}$ とのなす角を $Q\mathrm{d}\varphi(x)$ とする（図27）。この角 $Q\mathrm{d}\varphi$ は変位 $\mathrm{d}x$ に比例すると考え、

$$Q\mathrm{d}\varphi(x)=-(Q/\hbar)A(x)\cdot\mathrm{d}x$$

とおき、比例係数の $A(x)$ を四元ポテンシャルと考えるのである（変位 $\mathrm{d}x$ は四成分をもつので、$A(x)$ も四成分をもつ）。このような場を一般にゲージ場という。

基準ベクトルの方向を、各時空点で任意の大きさ $(Q/\hbar)\Lambda(x)$ だけ変えてみよう。このとき、$Q\mathrm{d}\varphi(x)$ は

$$(Q/\hbar)\Lambda(x+\mathrm{d}x)-(Q/\hbar)\Lambda(x)=(Q/\hbar)\nabla\Lambda(x)\cdot\mathrm{d}x$$

だけ増加するので、四元ポテンシャルは

$$A(x) \text{ から } A(x)-\nabla\Lambda(x)$$

に変化する。これはゲージ変換である。

このことから、ゲージ変換は、電荷保存に対応する大域的変換（全時空点での基準ベクトルの方

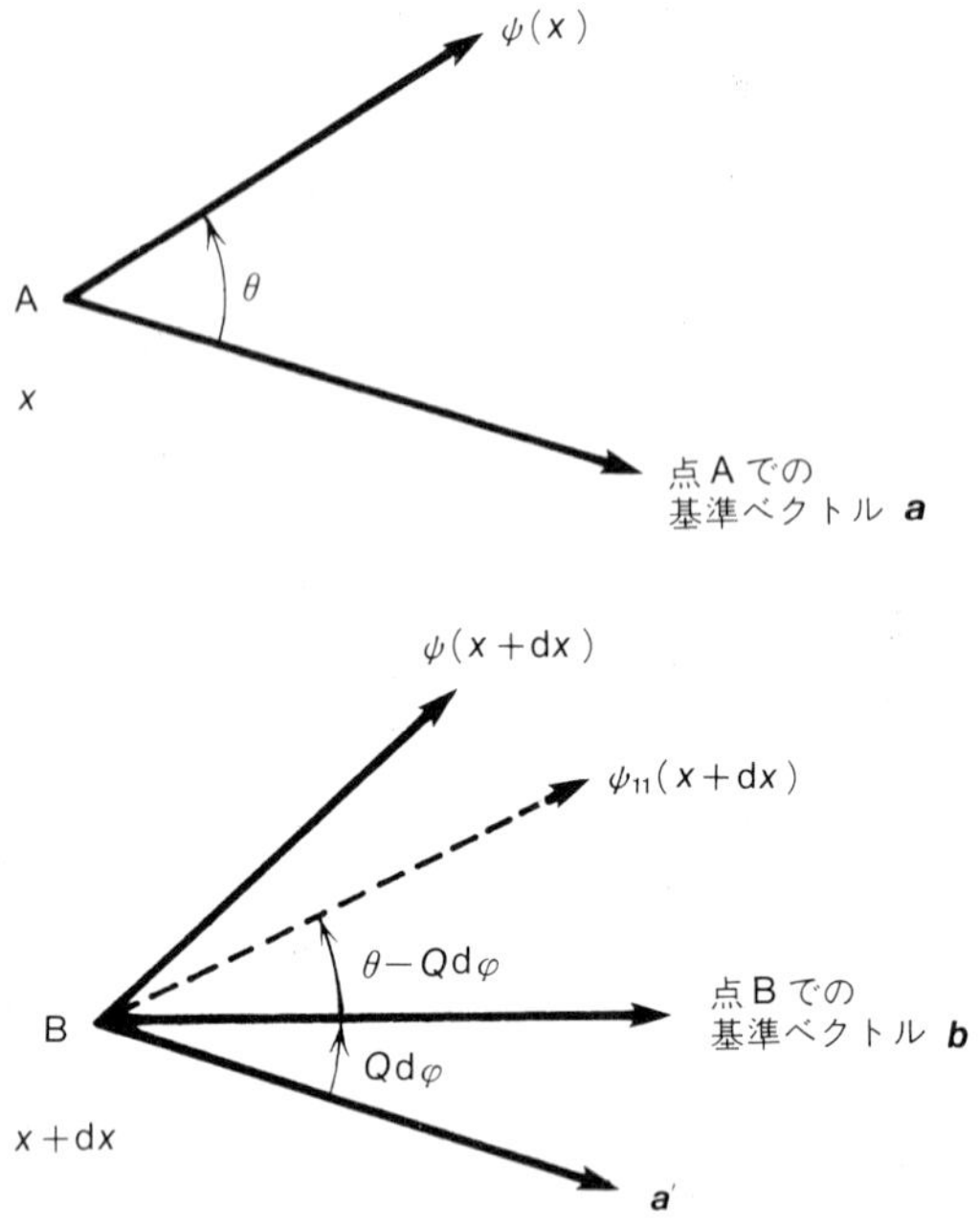

▲図 27　基準ベクトルの平行移動 $a \to a' \neq b$. 点 $x(A)$ と点 $x+\mathrm{d}x(B)$ での基準ベクトルのなす角は $Q\mathrm{d}\varphi(x)=-(Q/\hbar)A(x)\cdot\mathrm{d}x$ である. 点 A での波動関数 $\psi(x)=|\psi(x)|e^{i\theta}$ を点 B まで平行移動して点 B での基準ベクトルを使って表したものは $\psi_{/\!/}(x+\mathrm{d}x)=|\psi(x)|e^{i(\theta-Q\mathrm{d}\varphi)}=\psi(x)e^{-iQ\mathrm{d}\varphi}$ である.

向の同一角度の変換）を局所変換（各時空点ごとに異なる角度 $(Q/\hbar)\Lambda(x)$ での変換）に一般化したものであることがわかる。

ゲージ理論は「物理法則は、各時空点における内部空間の座標系の任意の変換（つまりゲージ変換）に対して不変である」というゲージ原理に基づいた理論で、この原理からクーロンの法則などの電磁気力の法則が導びかれる。

ゲージ理論についてもう少し詳しく知りたい方は、原康夫著『量子色力学とは何か』（フロンティア・サイエンス・シリーズ）（丸善）を参照されたい。

補　足

四元ポテンシャル A のゲージ変換を $A-\nabla\Lambda$ と記したが、正確には、

$$A-\nabla\Lambda=[\boldsymbol{A}-\nabla\Lambda, A_0+\partial\Lambda/\partial x_0]$$

で、四元ポテンシャル $A=(\boldsymbol{A}, A_0)$ の定義は

$$Q\mathrm{d}\varphi(x)=-(Q/\hbar)[\boldsymbol{A}\cdot\mathrm{d}\boldsymbol{x}-A_0\mathrm{d}x_0]$$

である。また

$$\Lambda(x+\mathrm{d}x)-\Lambda(x)=\nabla\Lambda\cdot\mathrm{d}x+(\partial\Lambda/\partial x_0)\mathrm{d}x_0$$

である。

8　アハラノフ-ボーム効果

電子はなんでも知っている

古典物理学によれば、荷電粒子（電荷Q、速度$\boldsymbol{v}$）は電場$\boldsymbol{E}$と磁場$\boldsymbol{B}$の中ではローレンツ力（図28）

$$\boldsymbol{F}=Q(\boldsymbol{E}+\boldsymbol{v}\times\boldsymbol{B}) \tag{1}$$

の作用を受けて、ニュートンの運動法則に従って運動する。

同じ古典力学でも、解析力学では電荷Qの荷電粒子の電磁相互作用は、電荷がないときのハミルトニアン

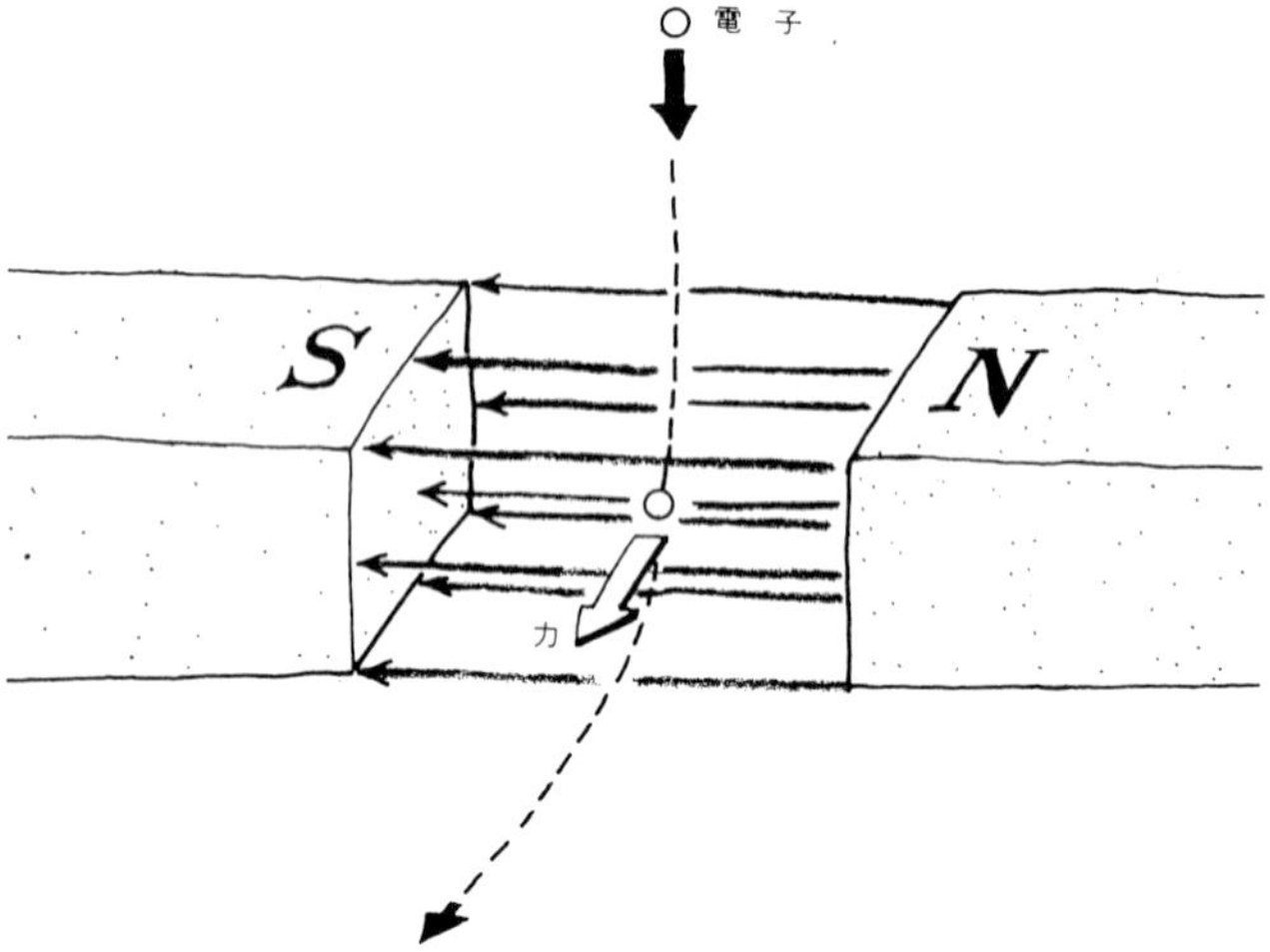

▲図 28　磁場が電子に及ぼす磁気力

$$H = (1/2m)\,p^2 + V(\boldsymbol{x})$$

の$\boldsymbol{p}$を$\boldsymbol{p} - Q\boldsymbol{A}$、$\boldsymbol{H}$を$H - Q\phi$で置き換えることによって得られる。ここで、$\phi$はスカラーポテンシャルで$\boldsymbol{A}$はベクトルポテンシャルである。もちろん、この場合もこのハミルトニアンから導かれる運動方程式に現れる力はやはり式（1）であり、ϕや$\boldsymbol{A}$は現れない。

電子の流れ（電子ビーム）を電子波と考えると、電子ビームの進行方向が電磁場の中で偏るのは、電子波の位相がずれて波面が偏るからである。

電子波、つまり、量子力学のシュレーディンガー方程式の波動関数の位相は、複素数の波動関数$\psi(\boldsymbol{x}, t)$を

$$\psi(\boldsymbol{x}, t) = |\psi(\boldsymbol{x}, t)|\, e^{i\theta(\boldsymbol{x}, t)}$$

と表したときの、複素数の位相$\theta(\boldsymbol{x}, t)$のことである。

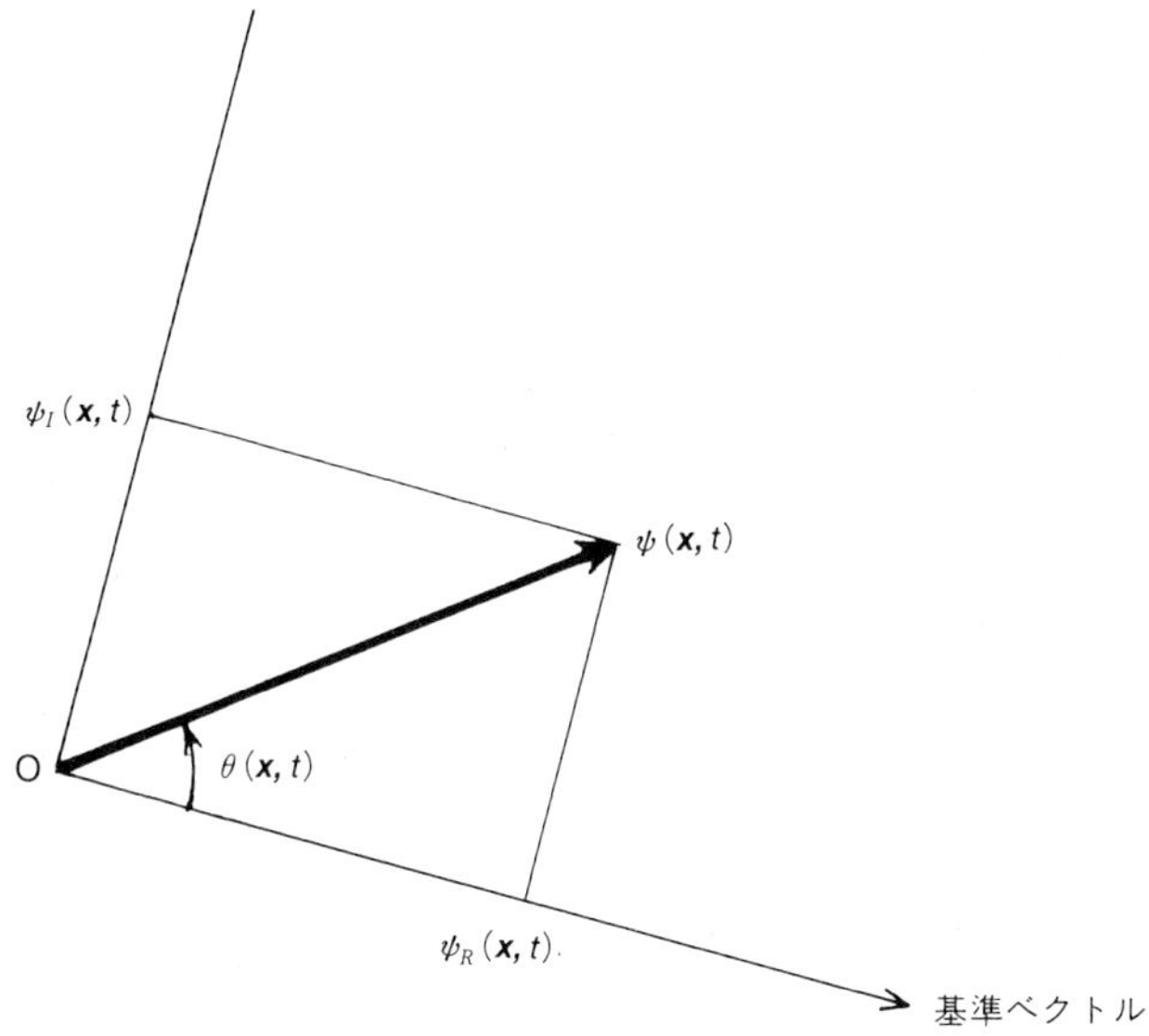

▲図 29　波動関数 $\psi(x, t)$ をベクトルで表す．$\psi(x, t)=\psi_R(x, t)+i\ \psi_I(x, t)$ $=|\psi(x, t)|(\cos\theta(x, t)+i\sin\theta(x, t)=|\psi(x, t)|e^{i\theta(x, t)}$

複素数をガウス面上のベクトルとして表すと、波動関数の位相 $\theta(\boldsymbol{x}, t)$ はこのベクトルと基準ベクトルのなす角である（図29）。荷電粒子の電磁相互作用を考えるときには、この基準ベクトルの方向は時空点ごとに違っていてもかまわない。

そこで、電荷 Q の粒子の時空点 x での波動関数を表すガウス面の基準ベクトル $\boldsymbol{a}$ を最短距離を通って時空点 $x+\mathrm{d}x$ まで平行移動したベクトル $\boldsymbol{a}'$ と、時空点 $x+\mathrm{d}x$ での波動関数を表すガウス面の基準ベクトル $\boldsymbol{b}$ とのなす角を $Q\mathrm{d}\varphi$ としよう（前章の図27）。この角 $Q\mathrm{d}\varphi(x)$ は変位 $\mathrm{d}x$ に比例すると考え、

$$Qd\varphi(x) = -(Q/\hbar)A(x) \cdot dx \qquad (2)$$

とおくと、比例係数の$A(x)$は四元ポテンシャルであることを前章で示した（四次元時空間での変位dxは四成分をもつ。四元ポテンシャルの空間成分はベクトルポテンシャルで、時間成分はスカラーポテンシャルである）。

点Aでの基準ベクトル$\boldsymbol{a}$を閉曲線Cに沿って平行移動していくと、道筋の上の各点での基準ベクトルとは一致しない。点Bまで平行移動すると、点Bでの基準ベクトル$\boldsymbol{b}$となす角θ_{ba}は、式（2）を積み重ねた

$$\theta_{ba} = \int_A^B Qd\varphi = -\frac{Q}{\hbar}\int_A^B A_s ds \qquad (3)$$

である（図30）。さらに平行移動を続けていって出発点まで戻ったときベクトル$\boldsymbol{a}_1$になるとすると、この$\boldsymbol{a}_1$は最初のベクトル$\boldsymbol{a}$とは一致しない。二つのベクトル$\boldsymbol{a}$と$\boldsymbol{a}_1$のなす角は、式（2）で与えられる$Qd\varphi$を閉曲線Cに沿って加え合わせた、

$$-\frac{Q}{\hbar}\oint_C A_s ds = -\frac{Q}{\hbar}\Phi \qquad (4)$$

である。この角は閉曲線Cを縁とする面を貫く磁束Φの$-Q/\hbar$倍である。

各時空点でのガウス面の基準ベクトルの方向を任意に変換することは四元ポテンシャルのゲージ変換に対応していることを前章で示した。このような変換では$\boldsymbol{b}$も$\boldsymbol{a}$も変わるので、図30の角θ_{ba}は

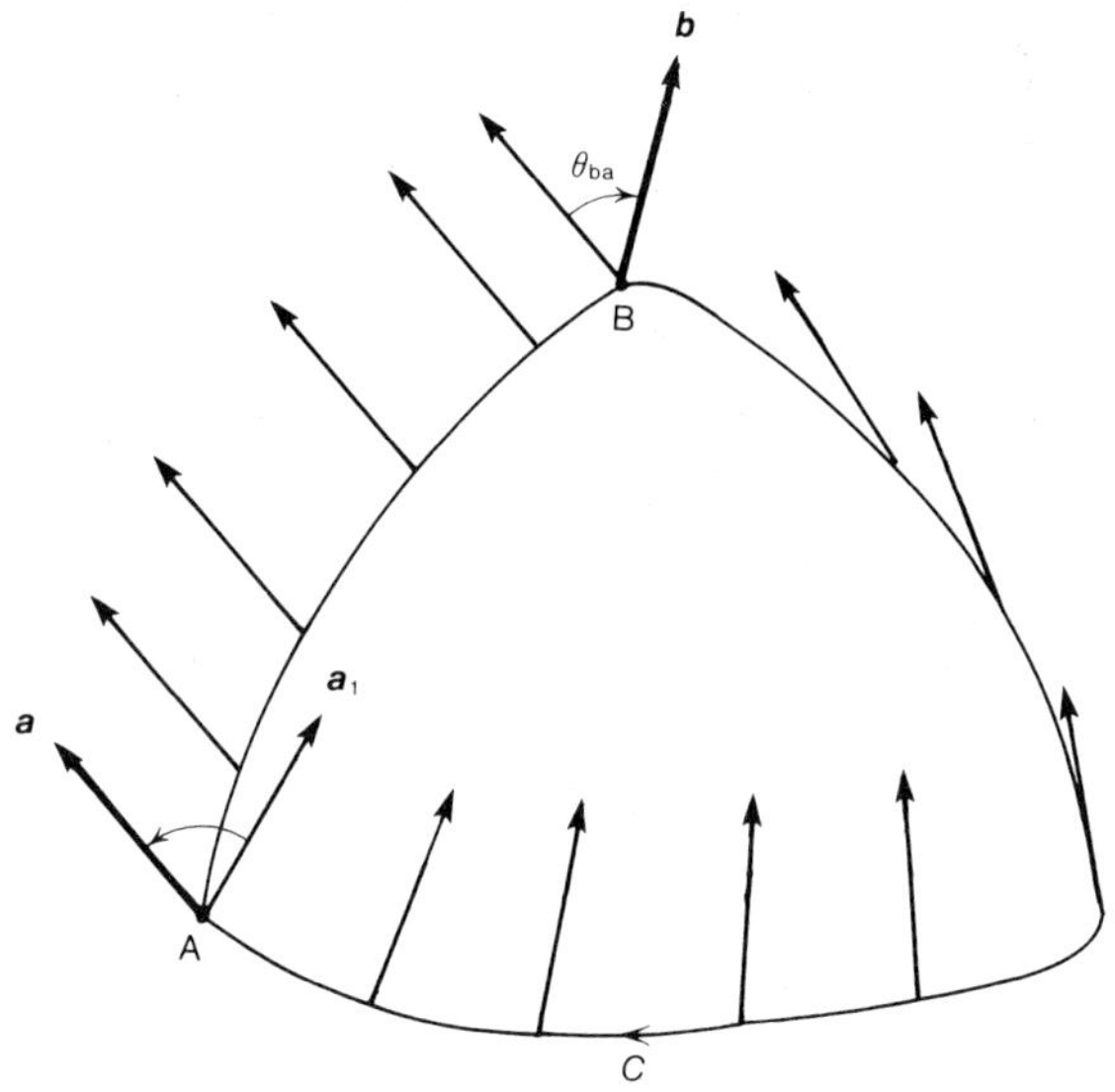

▲図 30　磁場による内部空間のゆがみ．点 A でのガウス面の基準ベクトル a を閉曲線 C に沿って平行移動する．1 周して出発点 A まで移すと a_1 になるが，a と a_1 は一致しない．これは内部空間が曲がっているためである．

変わる。しかし、二つのベクトル $\boldsymbol{a}$ と $\boldsymbol{a}_1$ のなす角は、$\boldsymbol{a}$ が変われば $\boldsymbol{a}_1$ も同じ角度だけ変わるので、不変である。この角度は式（4）によってゲージ変換で不変な磁束に結びついているので、当然の結果である。

　波動関数の位相を測る基準ベクトルが変わると、それに伴って、波動関数の位相も変化することを注意しておこう。たとえば、前章の図27で時空点Aの波動関数 $\psi(x)$ を最短距離を通って時空点Bまで平行移動すると、位相を測る基準ベクトルの向きが変わるので、$\psi(x)$ ではなく

$$\psi_{//}(x+\mathrm{d}x)=\psi(x)\mathrm{e}^{-\mathrm{i}Q\mathrm{d}\varphi}$$

になり、位相が

$$-Q\mathrm{d}\varphi=(Q/\hbar)\boldsymbol{A}\cdot\mathrm{d}\boldsymbol{x}$$

だけ増加する。また図30の点Aでの波動関数 $\psi(x)$ を曲線 C に沿って平行移動していき、点Bまでもってきて点Bでの基準ベクトル $\boldsymbol{b}$ を使って位相を測りなおすと $\psi(x)\exp(-\mathrm{i}\theta_{ba})$ となる。

電子の波と干渉縞

さて、準備が整ったので、電子波の波面の議論に戻ろう。磁場の中で電子波の波面がどのように偏っていくのかを議論するのは複雑なので、磁場のある領域の近傍ではあるが、磁場がゼロの領域を通過する電子波を考えよう。具体的には図31に示すような実験を考えればよい。電磁コイル（ソレノイド）の中には磁場はあるが、このコイルは長いので磁束線はコイルの中に閉じ込められていて、コイルの外では磁場はゼロと考えてよいだろう。

電子を古典的な荷電粒子とすると、電場も磁場もゼロの領域では電子に電磁気力は作用しない。しかし、コイルの外では磁場 $\boldsymbol{B}=0$ でも、ベクトルポテンシャル $\boldsymbol{A}$ はゼロではない。コイルを囲む閉曲線に沿って $\boldsymbol{A}$ の接線方向成分 A_s を積分すると、この積分はこの閉曲線で囲まれた面を貫く磁束に等しいので、コイルの外側の磁場がゼロの領域でもベクトルポテンシャルはゼロではない（図32）。したがって、電子ビームを電子波と考えると、電子波の波面はベクトルポテンシャルのため

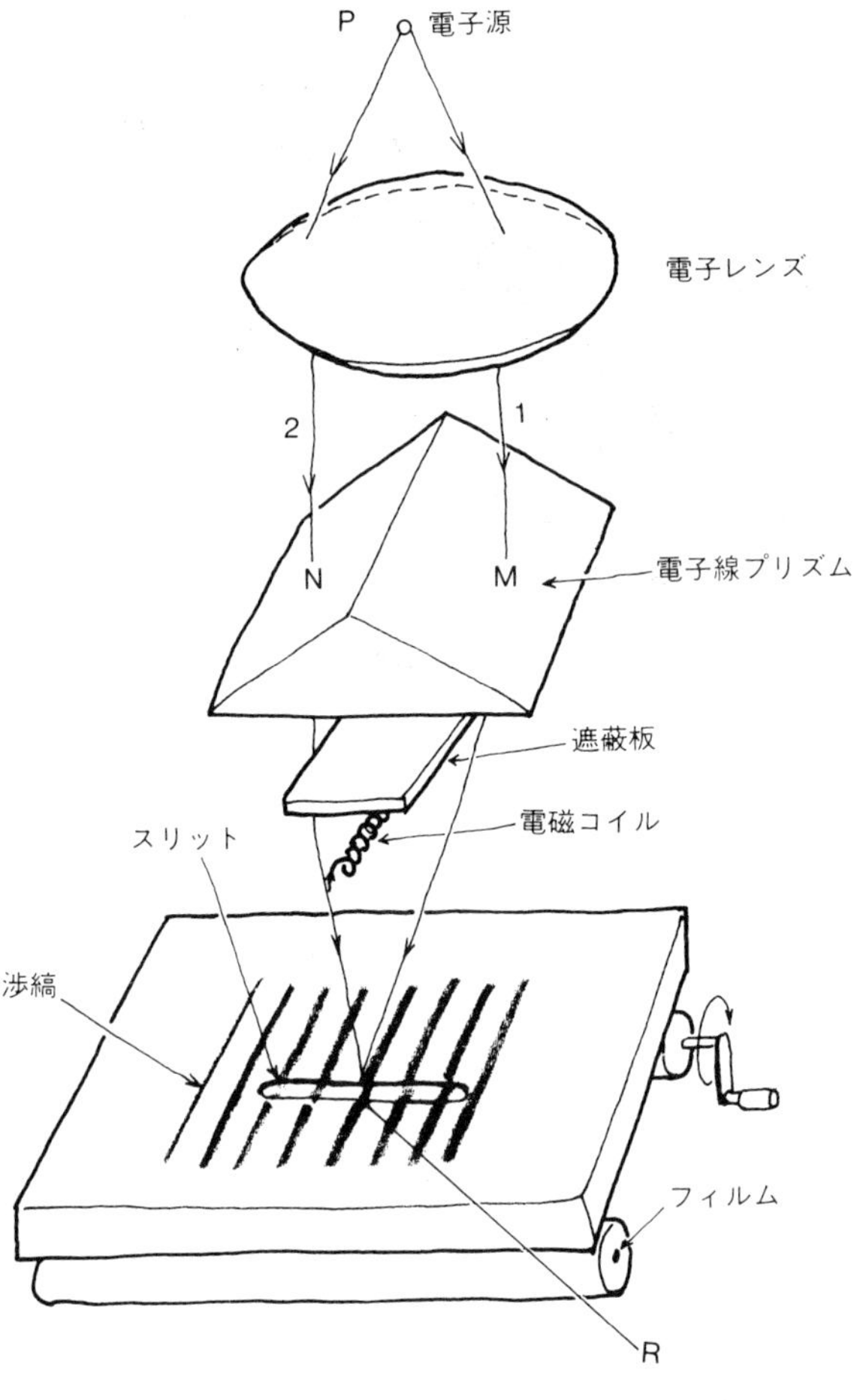

▲図 31　アハラノフ-ボーム効果の検証（メレンシュテット（G. Möllenstedt）の実験方法）

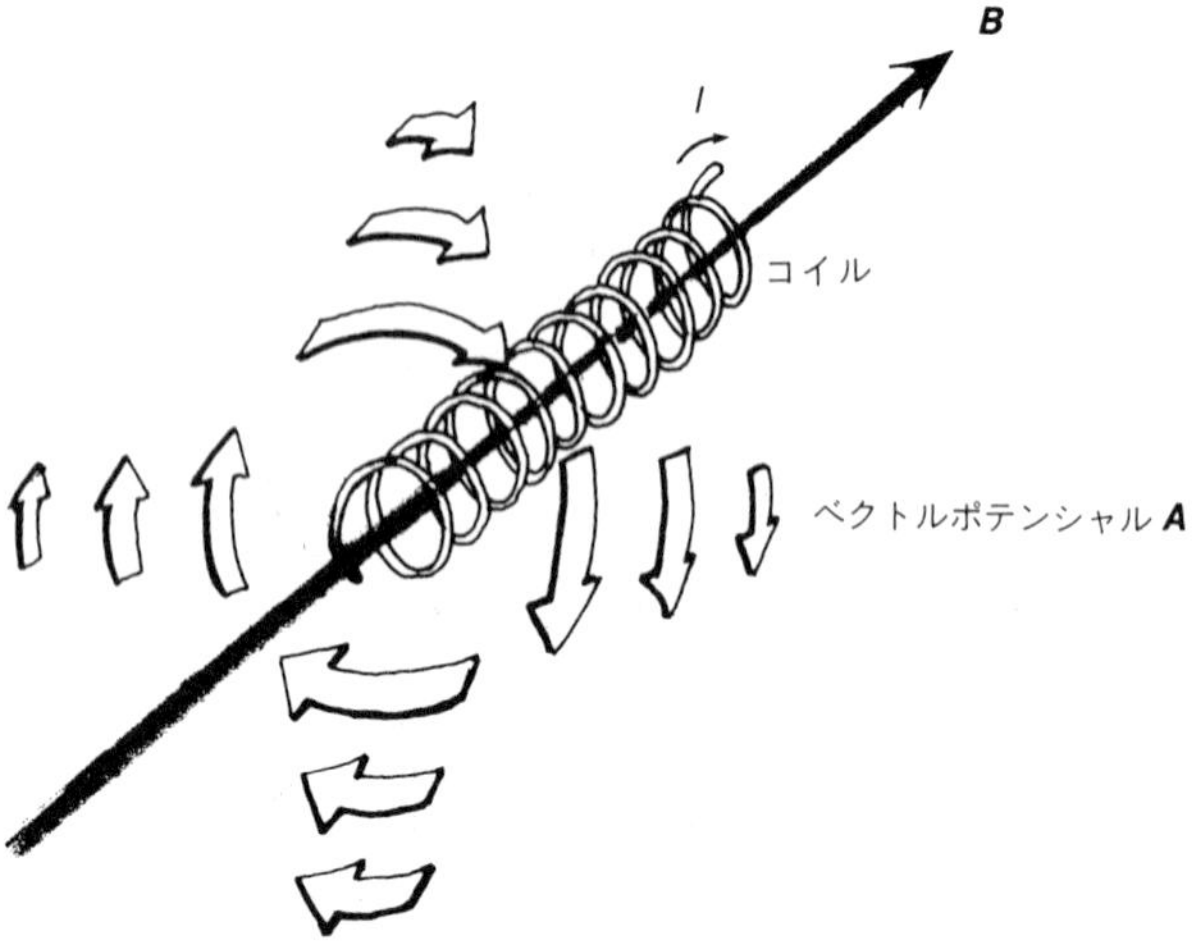

▲図32　コイルの外側では B はゼロでも A はゼロではない

に変化するはずである。

電子ビームを二つに分け、磁場のある領域の両側を通過させた後、再び合流させる（図31）。領域1を通った電子波の位相は磁場のないときに比べて

$$\varphi_1 = -\frac{e}{\hbar}\int_{P\to M\to R} A_s ds \qquad (5)$$

だけ進む（$Q=-e$）。

領域2を通った電子波の位相は磁場のないときに比べて

$$\varphi_2 = -\frac{e}{\hbar}\int_{P\to N\to R} A_s ds \qquad (6)$$

だけ進む。式(5)と式(6)から、二つのビームの合流点Rでは、両側からくる電子波の位相差は、磁場のないときに比べて

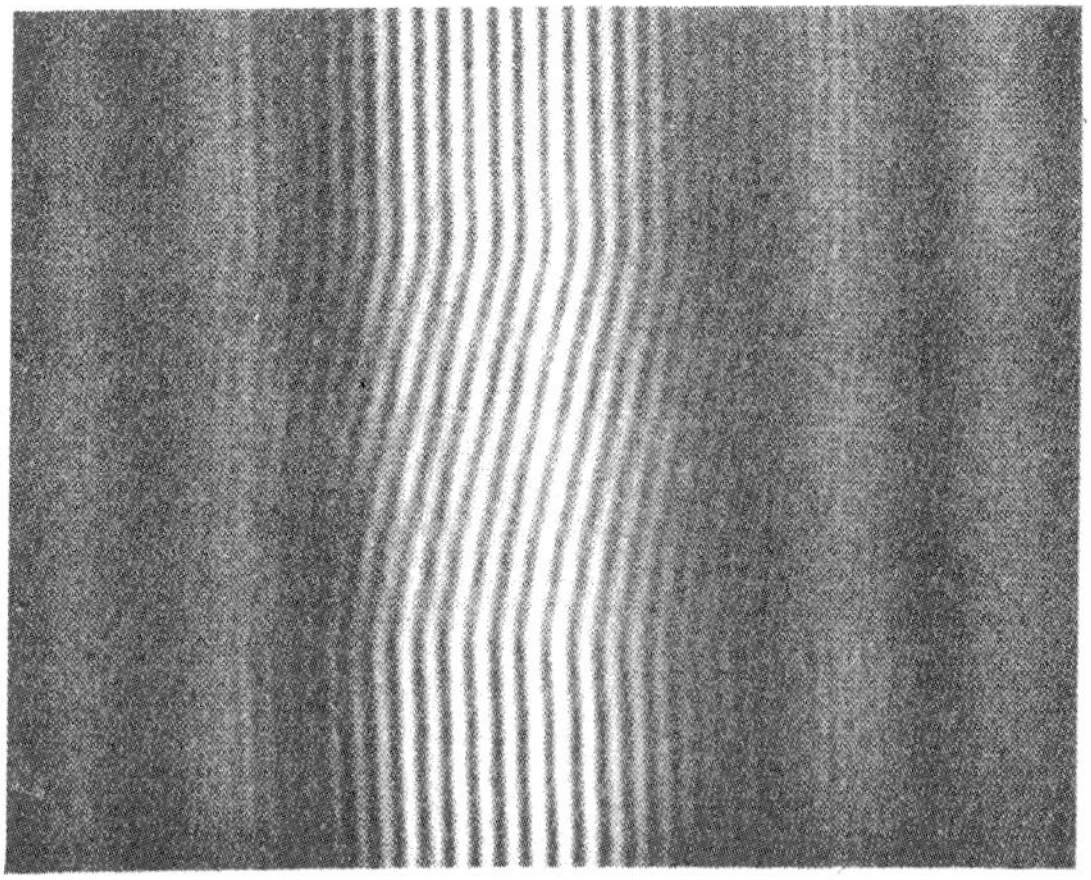

▲図33　メレンシュテットの方法による干渉写真［W. Bayh : Z. Phys. 169, 492(1962)］

$$\varphi_1-\varphi_2=-\frac{e}{\hbar}\int_{P\to M\to R\to N\to P}A_s ds$$
$$=-(e/\hbar)\Phi \qquad (7)$$

すなわち、コイルの中の磁束に比例してずれることがわかる。

したがって、合流点Rで二つの電子波のつくる干渉縞は、コイルの中の磁束によって影響を受けるはずである。

この事実は、一九四九年にW・エーレンブルグとR・E・シデーによって発見されたが、一九五九年にアハラノフとD・ボームによって再発見され、彼らは問題の重要性を強調し、詳しい計算を行ったので、「アハラノフ-ボーム効果（AB効果）」とよばれている。

AB効果を検証する

AB効果を検証するためには、磁束が

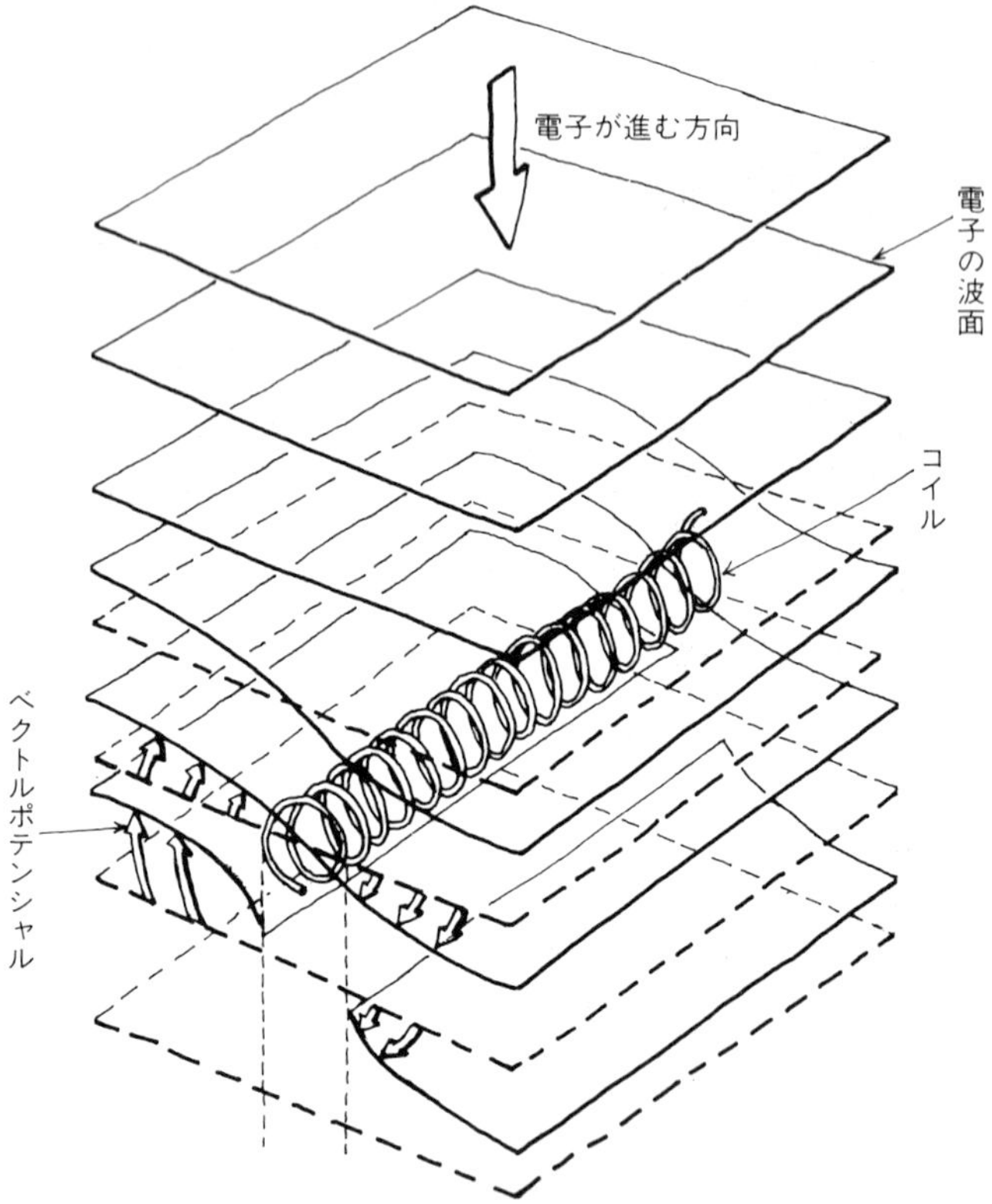

▲図 34　電子の波面の変化

程度の細い磁場の両側を通った電子波の干渉を検出せねばならない。

$$h/e = 4.14 \times 10^{-15} \text{ ウェーバー}$$

図33に図31の装置を使って得られたAB効果を示す写真を示す。コイルを流れる電流を強くしながら干渉縞を写すフィルムを移動させると、AB効果のために干渉縞が左の方にずれていく様子がはっきりとみられる。この干渉縞のずれは、ベクトルポテンシャルの存在による電子波の波面のずれの理論的予想（図34）と一致している。この予想は図32に示すベクトルポテンシャルと式（5）、（6）から導かれる。

図31に示すような装置ではコイルの長さが有限なので若干の磁力線がコイルの外に漏れ出していてAB効果の確認になっていないという反論がある。一九八〇年代に入って、外村彰は磁力線が外に漏れ出さないドーナツ状の磁性体と電子波の位相に関する情報を高精度に引き出せる電子線ホログラフィーの技術を使って、AB効果を確証した。この詳細については外村彰著『電子波で見る世界』（フロンティア・サイエンス・シリーズ）（丸善）を参照していただきたい。

AB効果が確認されたので、電磁気現象を記述する最も基本的な場は電場や磁場ではなく、四元ポテンシャル$\boldsymbol{A}$とϕ、すなわちゲージ場であることが確かめられた。その事実は、素粒子の間に働くすべての基本的な力の法則はゲージ原理に基づくゲージ理論だという考えの根拠の一つになっている。

9　磁気単極子

S極だけの磁石

本章のテーマは単独に存在している磁極、すなわち磁気単極子（magnetic monopole）である。電磁気学には電気と磁気の対応関係がある。たとえば、静止している電荷Q、Q'の間に働く電気力の法則

$$QQ'/4\pi\varepsilon_0 r^2$$

と静止している磁石の磁極Q_m、Q_m'の間に働く磁気力の法則

$$\mu_0 Q_m Q_m'/4\pi r^2$$

は同じ形をしている。しかし正電荷を帯びた物体や負電荷を帯びた物体は存在するのに、磁石を半分に切ってS極だけをもつ物体やN極だけをもつ物体をつくることはできない。磁石を半分に切ると切り口に逆符号の磁極が新しく生じて、二つの磁石になるからである。

磁気単極子の存在は確認されていないので、われわれの知っている磁場は運動している電荷あるいは電子のもつ磁気モーメントによってのみつくられている。

電気力線（電束線）は正電荷（正の真電荷）を始点として負電荷（負の真電荷）を終点としている。磁気単極子が存在しないので、磁束線は始点も終点もない閉曲線である。

量子力学は、磁気単極子が存在するかしないかについては何もいえないが、磁気単極子が存在すればその磁荷の大きさgは任意の大きさをとれず量子化されて、

$$\sqrt{\mu_0}\, g = \frac{137}{2}\, n \frac{e}{\sqrt{\varepsilon_0}} \qquad (n\text{は整数}) \qquad (1)$$

となると予言する。（ε_0とμ_0は真空の誘電率と真空の透磁率。eは電気素量）

量子力学と磁気単極子は両立するのか？

古典物理学の範囲では、電磁気学は四つの場、$\boldsymbol{E}$、$\boldsymbol{B}$、$\boldsymbol{D}$、$\boldsymbol{H}$の理論であるが、量子力学的世界では近接作用の基本的な役割を担っているのは電場や磁場ではなく、ベクトルポテンシャル$\boldsymbol{A}$とスカラーポテンシャルϕである。前章に紹介したアハラノフ－ボーム効果はベクトルポテンシャルを

考えないと理解できない。

ベクトルポテンシャル$\boldsymbol{A}$は

「閉曲線Cに沿っての接線方向成分A_sの積分」＝「閉曲線Cを縁とする面を貫く磁束」（2）

と定義されている（図35）。閉曲線Cを縁とする面は無数に存在するが、磁束線には始点も終点もないので、どの面を貫く磁束線の数も同じであり、式（2）の右辺は一義的に定義されている（図35）。もし磁気単極子が存在すれば、磁気単極子は磁束線の始点か終点になるので、式（2）の右辺

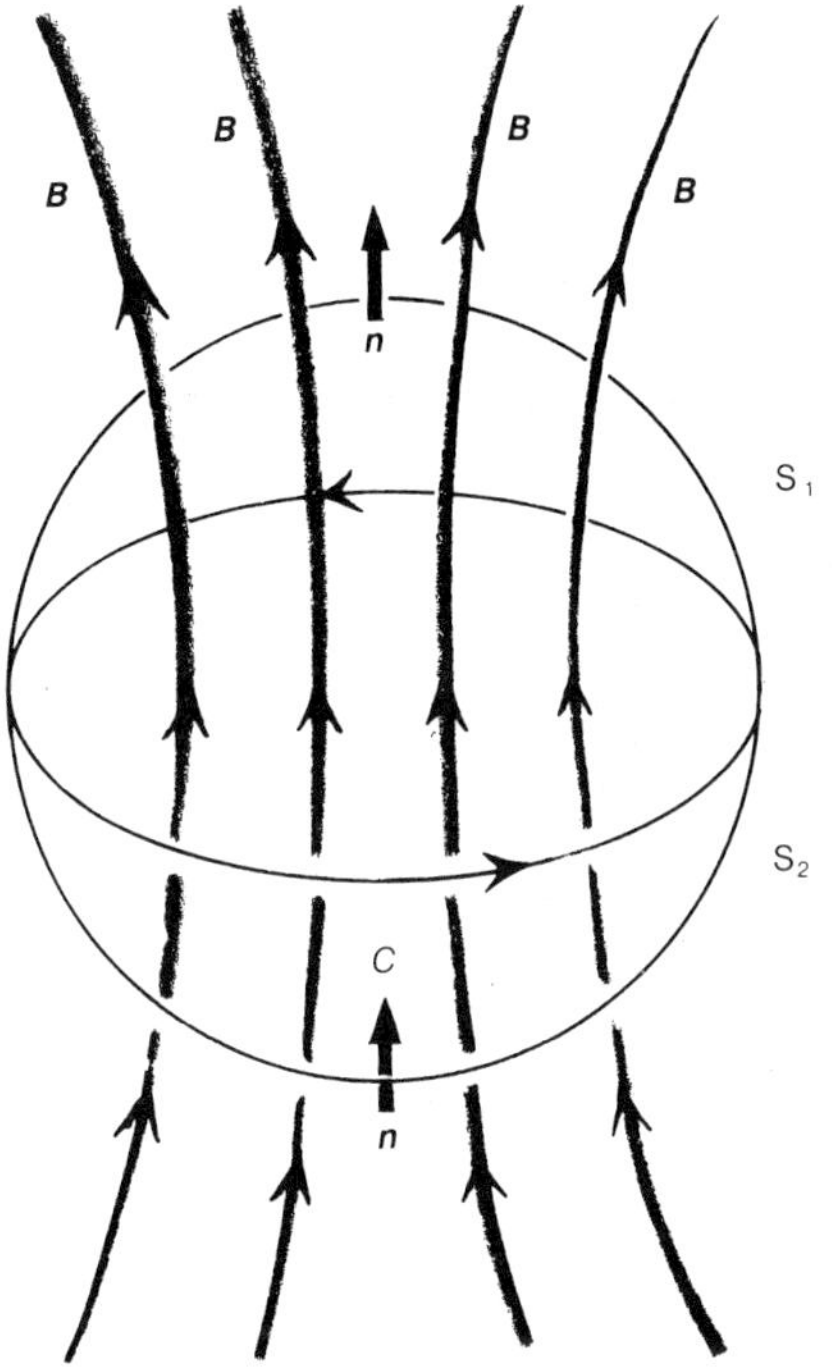

▲図 35　閉曲線 C を貫く磁束.
面 S_1 を貫く磁束と面 S_2 を貫く磁束は等しい．向きの指定された閉曲線 C を縁とする面 S_1，S_2 の法線 n の向きは，C の向きに右ねじを回すときにねじの進む向きとする.

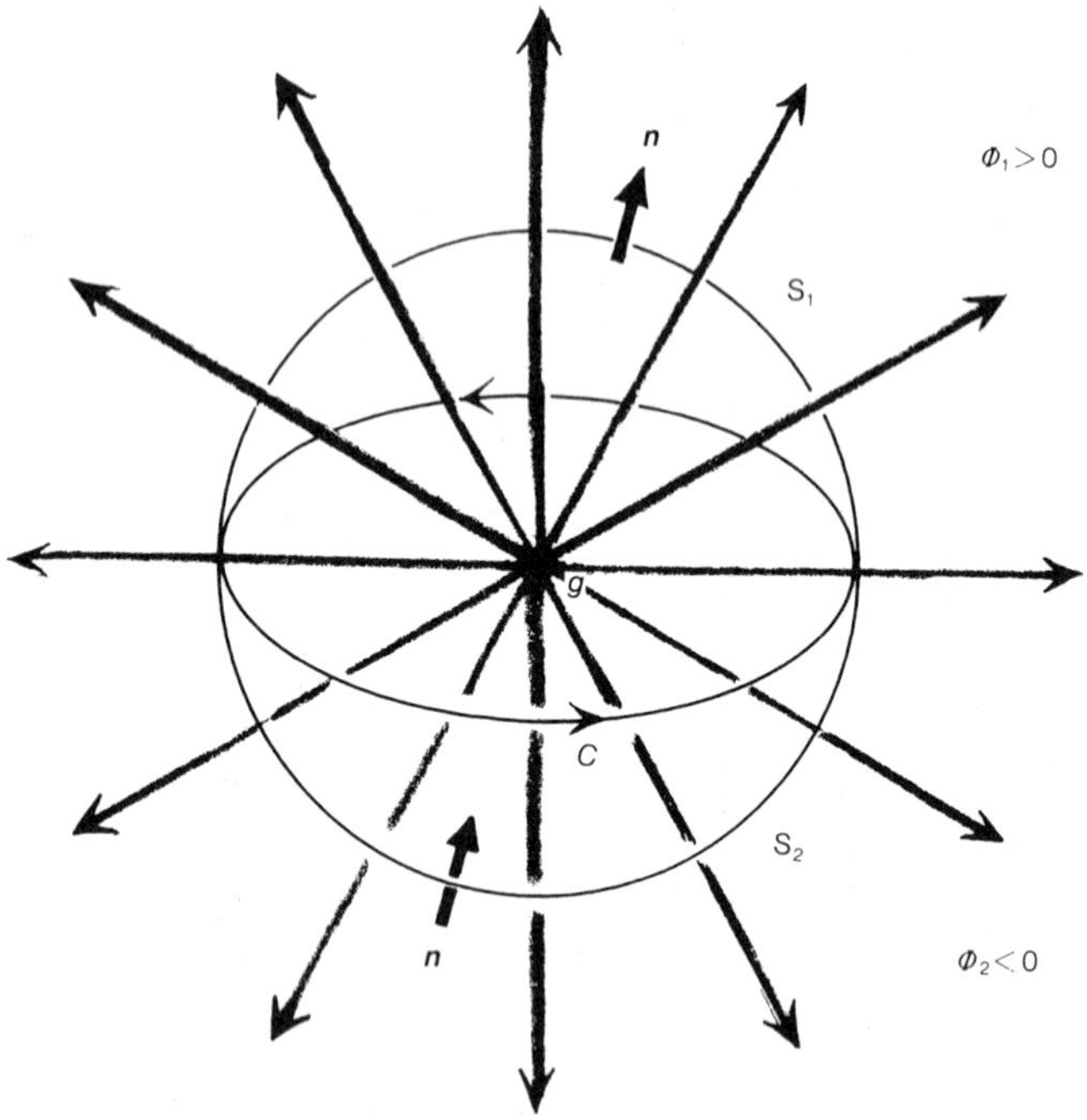

▲図 36　磁気単極子がある場合の磁束線.
面 S_1 と面 S_2 で囲まれた空間に磁気単極子（磁荷 g）が存在すれば，面 S_1 を貫く磁束 $\boldsymbol{\Phi}_1$ と面 S_2 を貫く磁束 $\boldsymbol{\Phi}_2$ は等しくない．$\boldsymbol{\Phi}_1-\boldsymbol{\Phi}_2=\mu_0 g>0$（$g>0$ の場合）

は一義的に決まらない（図36）。量子力学と磁気単極子は両立するのだろうか。

原点に磁荷 g の磁気単極子が静止していると、そのまわりに磁場

$$\boldsymbol{B}=\frac{\mu_0 g}{4\pi r^2}\hat{\boldsymbol{r}}\left(\hat{\boldsymbol{r}}=\frac{\boldsymbol{r}}{|\boldsymbol{r}|}\right) \qquad (3)$$

をつくる。

この場合にもベクトルポテンシャルを計算してみよう。図37の面S_1を考えると、面S_1の面積は $2\pi r^2(1-\cos\theta)$ なので、この面を貫く磁束は

$$\mu_0 g(1-\cos\theta)/2$$

である。半径が $r\sin\theta$ の閉曲線Cの長さは $2\pi r\sin\theta$ なので、式(2)を使うと、ベクトルポテンシャルの円の接線方向成分は

$$A_s^{(1)}=\frac{\mu_0 g(1-\cos\theta)}{4\pi r\sin\theta} \qquad (4)$$

となる。

このベクトルポテンシャル$\boldsymbol{A}^{(1)}$は $\sin\theta=0$ となる $\theta=\pi$ の地点、すなわち z軸上の下半分で∞となる。$\boldsymbol{A}^{(1)}$は $-z$軸上のどのような磁場に対応しているのだろうか。図37の小さな円C_1に沿って$A_s^{(1)}$を積分すると $\mu_0 g$ になるので、式(2)を使うと、$-z$軸上に原点に向かう大きさが $\mu_0 g$ のひも状の磁束があることになる。

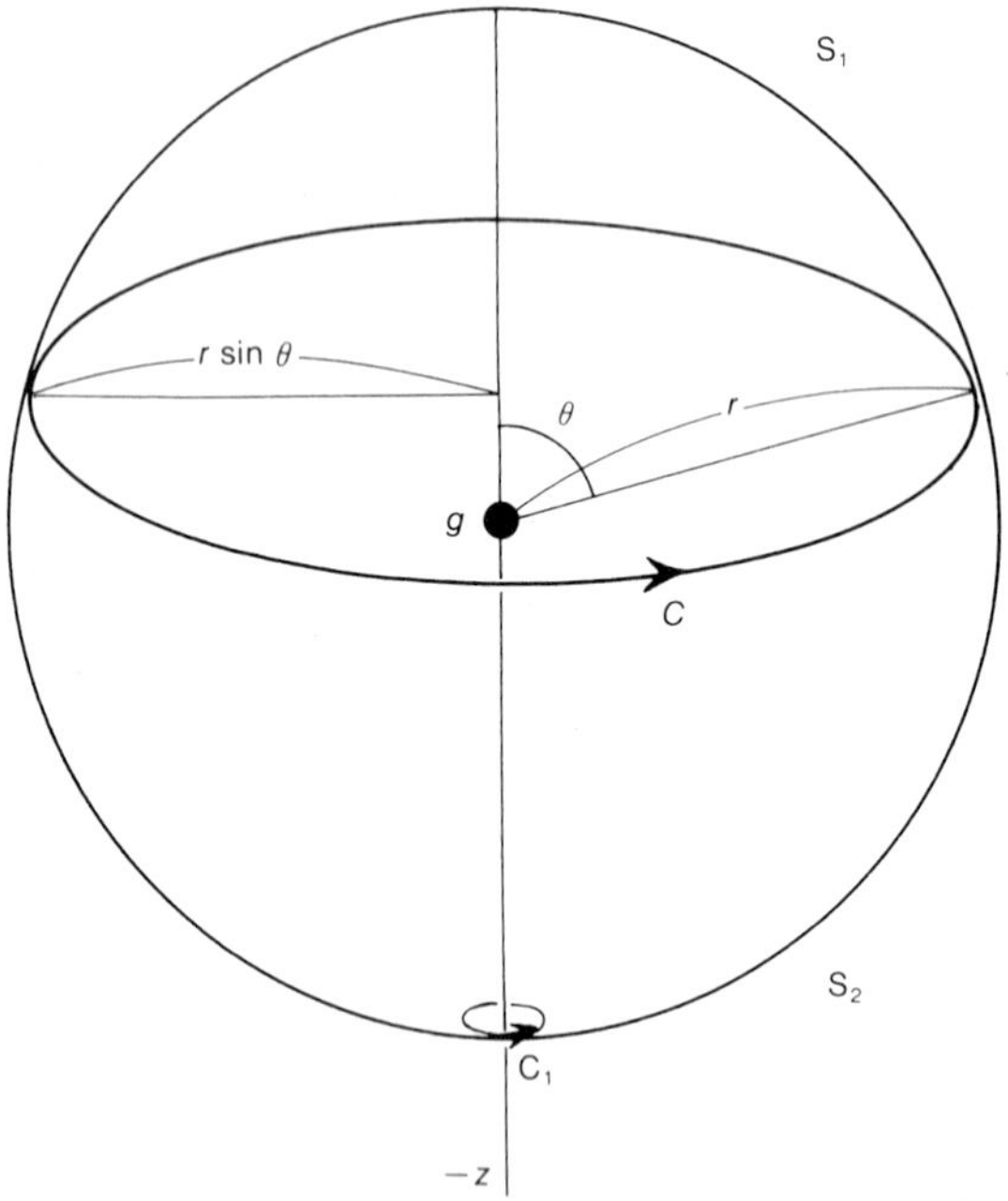

▲図 37　ベクトルポテンシャル $A^{(1)}$ を決める．
閉曲線 C 上のベクトルポテンシャルを面 S_1 を貫く磁束から決める．
閉曲線 C_1 を縁とする小さな円を下から上に貫く磁束は，式(4)の $A_S^{(1)}$ と式(2)を使うと，半径 r の球面からこの小さな円を除いた部分を中から外へ貫く磁束 $\mu_0 g$ に等しい．

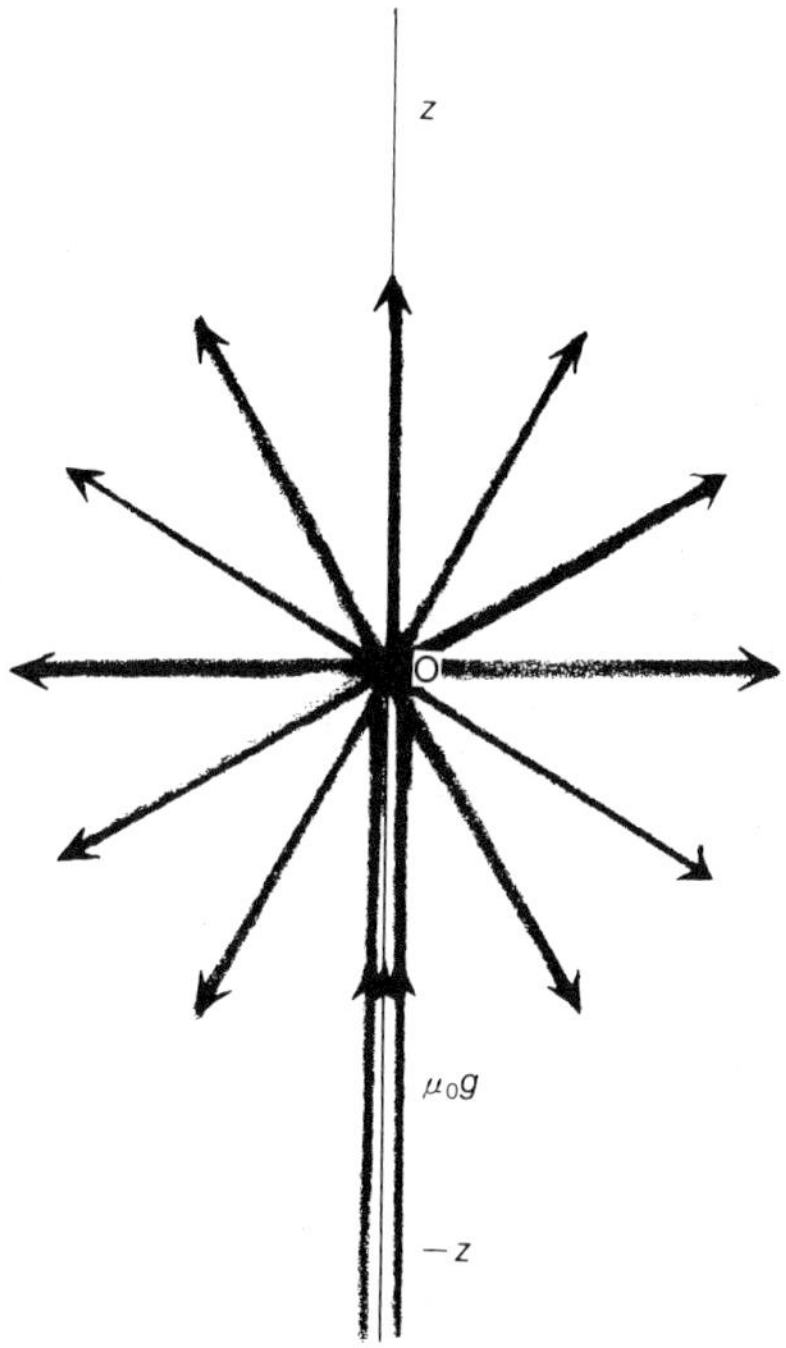

▲図38　ディラックのひも．
$A^{(1)}$ は磁束 $\mu_0 g$ の無限に細く無限に長い“ディラックのひも”のついた磁気単極子を表す．このひもが観測されない条件が，ディラックの量子条件式(6)である．

ディラックの「ひも」

ベクトルポテンシャル $\boldsymbol{A}^{(1)}$ は、$-z$ 軸上を原点に向かってひも状の磁束 $\mu_0 g$ が入ってきて、原点から放射状に全体で $\mu_0 g$ の磁束が出ていくような磁場に対応していることがわかった（図38）。ベクトルポテンシャルは始点も終点もない磁束線という考えに基づいているので、こうなることはもっともである。このひも状の磁束を「ディラックのひも」とよぶ。

P・A・M・ディラックはひもつきの磁気単極子を考えた。このひもの位置が$-z$軸上にあるのはわれわれの$\boldsymbol{A}^{(1)}$の計算の仕方に基づいていて深い意味はない。このひもが観測できなければ、ひもつきの磁気単極子はひものついていない磁気単極子として観測されることになる。そこで、ディラックは、ひもが観測できないための条件を求めた。無限に長く無限に細い磁束を検出するには、前章で紹介したアハラノフ-ボーム効果を使えばよい。

ディラックのひもによる電子ビームのアハラノフ-ボーム効果の検出とは

$$\exp(-2\pi i \mu_0 g e/h) \qquad (5)$$

という因子が1とは異なることを検出することである。そこで

$$\mu_0 g e/h = n \quad (n\text{は整数}) \qquad (6)$$

ならば、この因子は1になるので、ディラックのひもは検出されず、磁気単極子のみが観測されることになる。

この条件式(6)は、磁気単極子が存在するとしたらその磁荷が満たさねばならない、ディラックの量子条件である。この条件はディラックによって一九三一年に導かれた。

ひものついていない磁気単極子

ひもは観測にかからないとはいっても、ひものないほうがすっきりする。そこで、T・T・ウーとC-N・ヤンによる式(6)の導出法（一九七五年）を紹介しよう。

図37の半径rの球面のうち、面S_1以外の部分の、面S_2を考えよう。面積は$2\pi r^2(1+\cos\theta)$なので、面S_2を貫く磁束は

$$-\mu_0 g(1+\cos\theta)/2$$

である（負符号は磁束線の向きを考慮した）。したがって、式(2)を使うと、ベクトルポテンシャルの円Cの接線方向成分は

$$A_s^{(2)}=-\frac{\mu_0 g(1+\cos\theta)}{4\pi r\sin\theta} \tag{7}$$

となる。このベクトルポテンシャル$\boldsymbol{A}^{(2)}$は$\theta=0$のとき∞になるので、$\boldsymbol{A}^{(2)}$は$+z$軸上にディラックのひもがついている。$\boldsymbol{A}^{(1)}$と$\boldsymbol{A}^{(2)}$は別の形をしていて

$$\Delta A_s=A_s^{(2)}-A_s^{(1)}=-\frac{\mu_0 g}{2\pi r\sin\theta} \tag{8}$$

である。

ディラックのひも、つまり$\boldsymbol{A}^{(1)}$と$\boldsymbol{A}^{(2)}$の特異点を避けるために、空間を三つの領域に分けて、

$$\begin{aligned}&\text{領域 I}：0\leqq\theta<\varepsilon \text{ では } \boldsymbol{A}^{(1)}\\ &\text{領域 II}：\varepsilon\leqq\theta\leqq\pi-\varepsilon \text{ では } \boldsymbol{A}^{(1)} \text{ あるいは } \boldsymbol{A}^{(2)}\\ &\text{領域 III}：\pi-\varepsilon<\theta\leqq\pi \text{ では } \boldsymbol{A}^{(2)}\end{aligned} \tag{9}$$

を使うことにする（図39）。

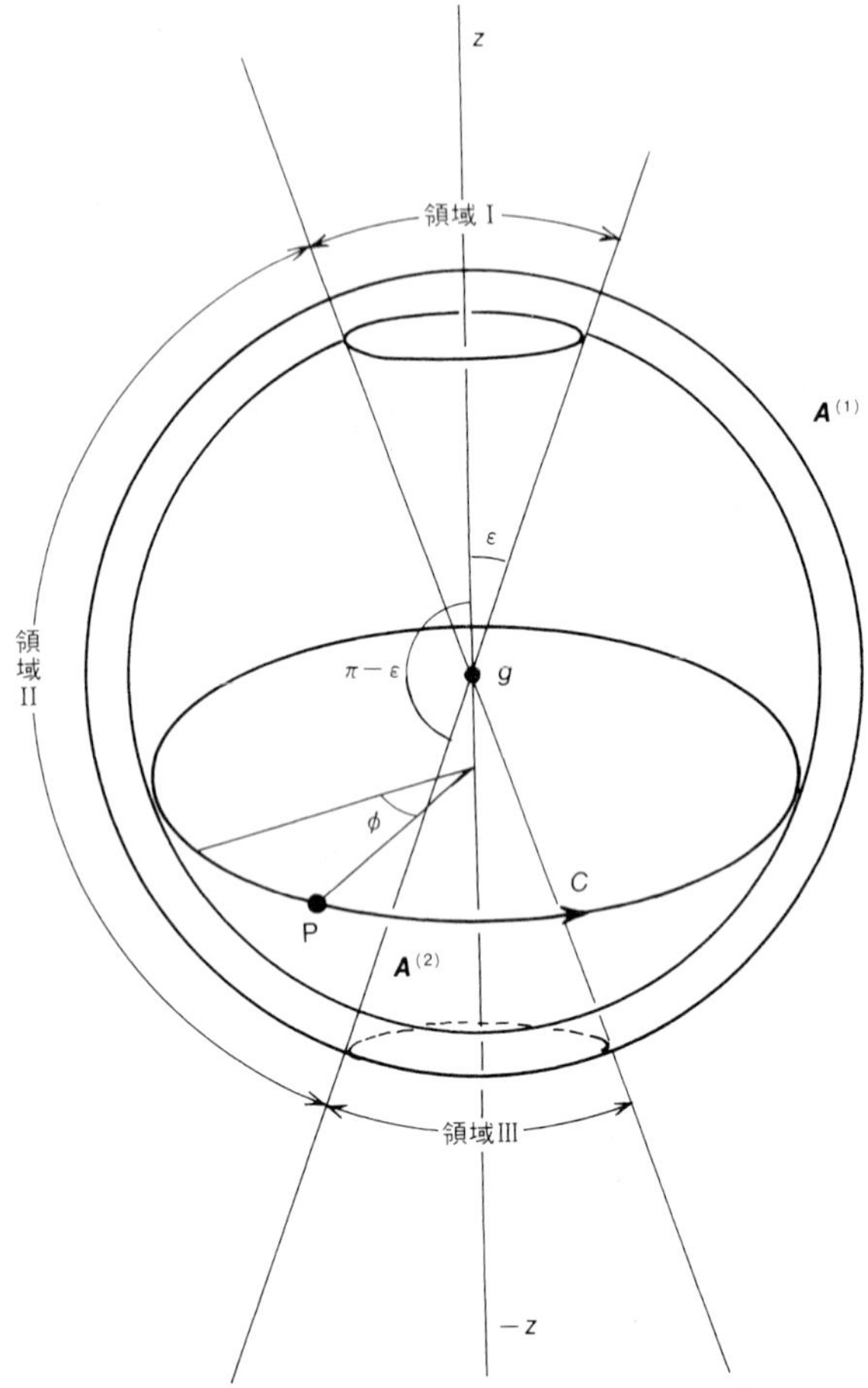

▲図 39　空間を 3 つの領域 I，II，IIIにわける．

ベクトルポテンシャル $\boldsymbol{A}^{(1)}$ の入ったシュレーディンガー方程式を解くと、磁気単極子の近所での電子の波動関数 $\psi^{(1)}$ が得られ、$\boldsymbol{A}^{(2)}$ の入ったシュレーディンガー方程式を解くと、波動関数 $\psi^{(2)}$ が得られる。

7章で説明したように、一つの磁場に対してベクトルポテンシャルは一義的には決まらない。$\Lambda(x)$ を任意のスカラー関数とすると、二つのベクトルポテンシャル $\boldsymbol{A}(x)$ と $\boldsymbol{A}(x)-\nabla\Lambda(x)$ は同一の磁場に対応している。しかし、この磁場の中にいる電荷 Q の荷電粒子の波動関数は $\psi(x)$ と $\exp[-\mathrm{i}Q\Lambda(x)/\hbar]\psi(x)$ である。式(8)の両辺に $\mathrm{d}s=r\sin\theta\mathrm{d}\phi$ をかけると（ϕ は方位角）

$$\boldsymbol{A}^{(2)}=\boldsymbol{A}^{(1)}-\nabla\Lambda \tag{10}$$

$$\Lambda=\mu_0 g\phi/2\pi \tag{11}$$

という関係で結ばれているので、$\psi^{(1)}$ と $\psi^{(2)}$ は

$$\psi^{(2)}(x)=\exp(\mathrm{i}\mu_0 eg\phi/h)\psi^{(1)}(x) \tag{12}$$

という関係で結ばれていることがわかる（$Q=-e$）。方位角 ϕ は x の一価関数ではないので、式(11)の Λ も x の一価関数でないことに注意しよう。

このように領域Iで $\psi^{(1)}$、領域IIIで $\psi^{(2)}$ になり、重複領域IIでは式(12)の関係を満たす $\psi^{(1)}$ と $\psi^{(2)}$ になる関数 ψ を、数学のファイバー束の理論では「セクション」とよぶ。磁気単極子のまわりでの電子の波動関数はふつうの関数ではなくて、セクションである。

さて、波動関数 $\psi^{(1)}(x)$ も $\psi^{(2)}(x)$ も時空点 x の一価関数でなければならない。*1 そのためには、

$\exp(i\mu_0 eg\phi/h)$も1価関数、つまりϕを$\phi=0$から$\phi=2\pi$まで増加して図39の点Pを円Cの上を一周させて最初の点に戻ったときにこの因子は1でなければならない。こうして、

$$\mu_0 ge/h=n \quad (n\text{は整数}) \tag{6}$$

というディラックの量子条件式(6)が再び得られた（$e^{2\pi in}=1$）。

ディラックの量子化条件式(6)と実験値

$$\frac{e^2}{4\pi\varepsilon_0\hbar c}=\frac{1}{137},\quad \varepsilon_0\mu_0=\frac{1}{c^2} \tag{13}$$

を使うと、磁気単極子の磁荷gは

$$\sqrt{\mu_0}\,g=\frac{137}{2}n\left(\frac{e}{\sqrt{\varepsilon_0}}\right) \tag{14}$$

と表される。nは整数なので、量子力学によれば、磁気単極子が存在すればその磁荷は最小の磁荷g_D

$$\sqrt{\mu_0}\,g_D=\frac{137}{2}\left(\frac{e}{\sqrt{\varepsilon_0}}\right) \tag{15}$$

か、その整数倍ということになる。最小の磁荷は最小の電荷である電気素量の約68倍という大きさである。

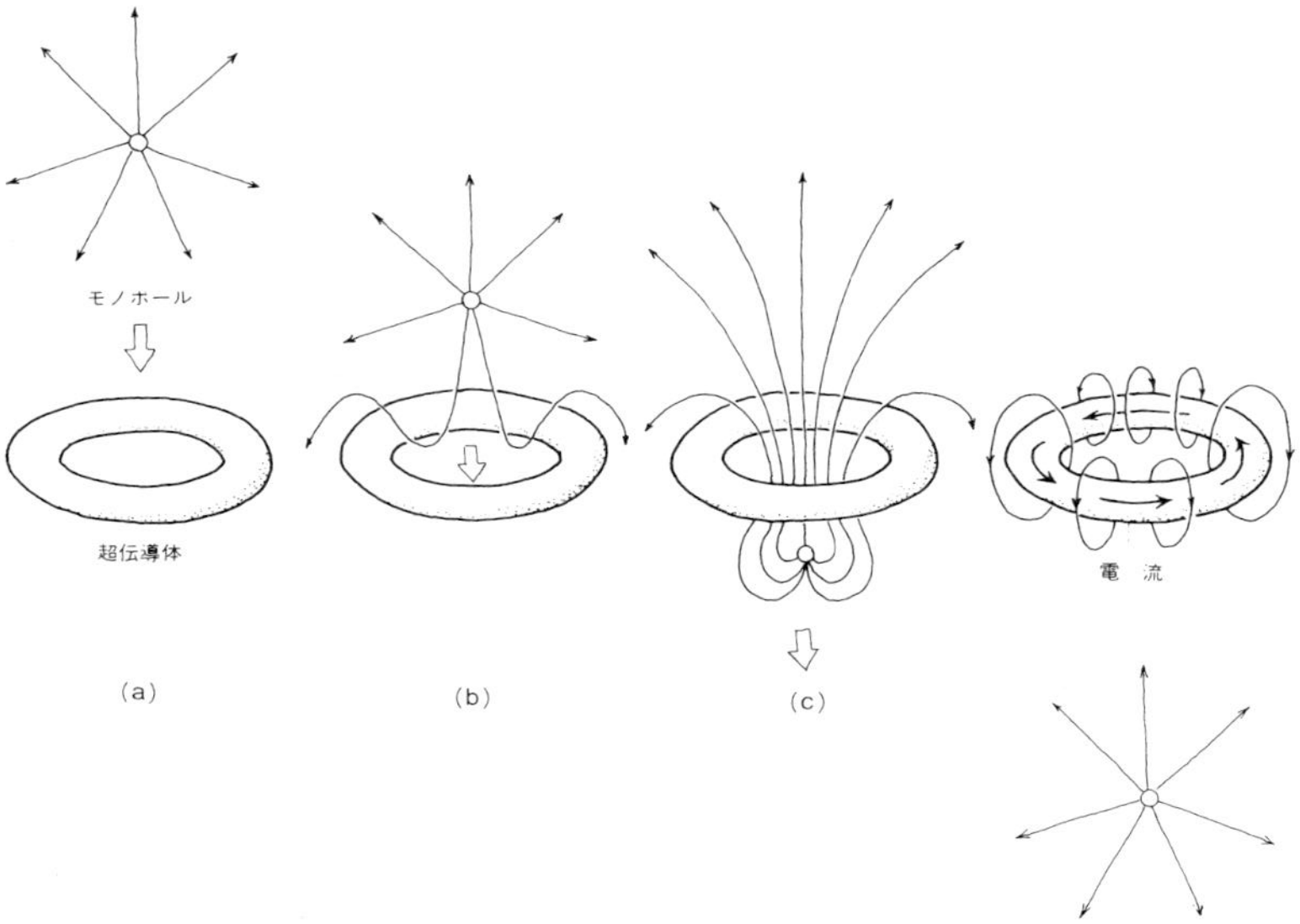

▲図 40　磁気単極子の検出法.
超伝導体の導線のリングを磁気単極子が通過すると，リングには一定の大きさの直流電流が流れ始める.

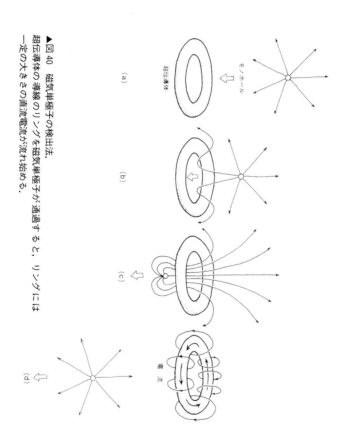

磁気単極子はあるのか？

もし磁気単極子が一個でも存在したら、この磁気単極子は自然界に存在するすべての荷電粒子と作用しうる。したがって、その磁荷を g_D とすると、自然界に存在する荷電粒子の電荷 Q は、量子条件式

$$\mu_0 g_D Q/h = n \quad (n\text{は整数}) \tag{16}$$

によって

$$Q = ne \qquad n = \pm 1, \pm 2\cdots \tag{17}$$

となり、電荷は電気素量 e の整数倍に限られる。陽子の電荷 Q_P と電子の電荷 $-e$ の大きさはきわめてよい精度で一致しており、物理学の謎の一つであるが、もし磁気単極子が存在すれば、この謎は解消する。

このように、量子力学は磁気単極子が存在するとは予言しないが、もし存在すればその磁荷の大きさは式(14)で与えられると予言する。

磁気単極子ははたして存在するのだろうか。磁気単極子の最も有効な検出法は、超伝導体の導線のリングを使う方法である。超伝導体の中に磁場は入り込めないので、このリングの中を磁気単極子が通過すると、図40に示すように、磁束線はリングのまわりに閉曲線となってからまる。この磁束線の輪はリングの中を電磁誘導で流れ始める電流によって生じるので、磁気単極子がこのリングを通過すると、リングには突然に一定の大きさの直流電流が流れ始める。

このような方法で、一九八二年のバレンタイン・デーにB・キャブレラは磁気単極子を一個発見したと報告した。この報告に刺激されて多くの研究者が磁気単極子を探し始めたが、その後、発見に成功した人はいないようである。

脚　注

＊1　さて、第5章では、スピン1/2の粒子のスピンを三六〇度回転させると符号が変わる波動関数の二価性について説明した。この二価性は電子のスピンだけを三六〇度回転させた場合に生じたものである。スピンの向きを一定にしておくと、すべての時空点で波動関数は一価でなければならない。

10　マクロな量子系のはなし

量子力学は万能か

量子力学が定式化されて以後の約六〇年間、理論の予言が実験事実と決定的に食い違った例はこれまで一つもない。若い読者諸氏にとっては保証書付きのマシンである。本書の標題「いまさら量子力学?」というのが、実感であろう。

物理学の理論体系である以上、量子力学にも適用限界が当然あるはずだが、目下のところ、これもあまり気にしなくてよさそうである。フェムトメートル以下の「小さな」空間の現象で挫折するかも、という声は聞くが、筆者が耳学問で知りえた限りでは、現在の素粒子論に量子力学との真剣

▲時計の振り子の振動も量子化する？

な対決場面はまだないようである。スケールの大きい極限では、宇宙そのものを量子力学の対象とする話もあるが、そもそもその意味が問題となろう（ビッグバン直後に限れば、むしろ「小さい」空間の問題かもしれない）。

これから論じようとするマクロ系は、もっと常識的なもので、〇・一ナノメートル程度の大きさの原子がアボガドロ数ほど集まった、いわゆる凝縮系（condensed matter）である。最近、半導体テクノロジーの微細加工技術（microfabrication）の進歩のおかげで、一〇ナノメートル程度の大きさの回路が製作可能となった。マクロとミクロの中間の大きさをもつメソスコピック（mesoscopic）系の登場である。これも重要だが、あとまわしにしよう。

さて、本章から三章にわたって話す「マクロな量子系」とは何か？　無責任なようだが、実は筆者も確たる答をもちあわせていないのである。どのくらい深刻に問題を考えるかによって、答が変わるからである。

マクロとミクロ

教科書的常識にしたがえば、ミクロな現象は量子論で扱い、マクロな現象は古典論で扱うことになっている。それはその通りにちがいないが、マクロ系もミクロな粒子の集合だという事実を考えると、話はさほど単純でなくなる。たとえば、電気抵抗は古典電磁気学で導入されたマクロなコンセプトではある。しかし、電流の担い手が電子だというミクロなメカニズムに立ち入って考えれば、モデルや近似法が何であれ、電気抵抗の表式には基本定数 $\hbar/e^2(\fallingdotseq 4\times10^3$ オーム) が必ず現れる。ただし、$2\pi\hbar$ はプランク定数、e は素電荷である。プランク定数があからさまに現れることをもって量子論的な量の特色であるとするなら、電気抵抗はまさにその一例である。

電気抵抗に限らず、マクロ系をミクロな粒子の集合と見て量子力学を適用すれば、高温の極限でプランク定数がドロップアウトする場合を除いて、マクロ系の他の物性についても、事情は同様である。その意味で、マクロ系はすべて量子論的であるといえる。

テクノロジーをささえる量子力学

もっと積極的な例として、固体電子のバンド理論をあげておこう。結晶中の電子に対する量子力学の応用であって、原子内電子の場合のハートリー近似と同様の手法で、エネルギー準位を求める。結晶の周期性があるから、シュレーディンガー方程式を、適当な境界条件（ブロッホの定理）のもとで、単位胞について解けばよい。その意味では、結晶がマクロな大きさをもつことが計算上の障害にならない。計算上の問題はともかく、孤立原子のときと違って、エネルギー準位は連続的になり、ただし、ところどころにギャップが空いて無数のエネルギーバンドに分裂する。このエネルギーバンドとパウリ原理とが、半導体デバイスにとって最も基本的なコンセプトである。今日の半導体テクノロジーは、量子力学的コンセプトの上に構築されたと見ることもできるわけである。超伝導の技術的応用が進歩すれば、量子力学の有用性はもっとはっきりするにちがいない。

以上のような観点をさらに徹底して、マクロな世界をすべて量子論の眼を通して見ようとするのが、これからの話なのである。世の中には、量子力学の描きだす奇怪な世界像が気に入らなくて、同じ結果を（あるいは違う結果を）古典的な描像で導き出そうと努力している人びとが、ごく少数ながら存在する。ここでは、それと正反対の立場を採ってみようというわけである。「すると、時計の振り子の振動も量子化するわけですか？」という質問が出そうである。時計の振り子にシュレーディンガー方程式を適用するのは、確かに愚かしいことではある。しかし、それは問題が単純で正解を熟知しているからにすぎない。ある種の準一次元有機導体に生ずる電荷密度波（charge density wave, CDW）の重心運動や超伝導を応用した高感度磁束計である超伝導量子干渉計 SQUID (superconducting quantum interference device) における磁束の運動が古典論的か、量子論的かという問題になると、あとで詳しく論ずるように、答は決して自明ではないのである。

波の量子化

まずは答のわかっている問題から話をはじめることにして、マクロな固体の振動を考えてみよう。古典物理学では、固体を連続的な弾性媒質と見なし、その振動をニュートン力学で扱う。固体が原子の集合であると見なしたときでも、振動の波長λが平均原子間隔（結晶なら格子定数）aよりはるかに長いなら、周波数は音速c_sをλで割った値に等しく、その意味では弾性論がそのまま成立する。

しかし、デバイ温度（$\fallingdotseq \hbar c_s/k_B a$, ただし$k_B$はボルツマン定数）より低温で固体の比熱が絶対温度の三乗に比例するという実験事実を説明するためには、長波長の弾性波といえども、「量子化」が必要である。量子化の結果、音波は「フォノン」という粒子性を示すことになる。

この事情は、M・プランクが空洞内に閉じ込められて熱平衡にある電磁波を量子化する必要に迫られたのと同様である。量子化の結果、電磁波は光子という粒子性を示すことになる。もっとも、電磁波は、固体振動とのアナロジーでいえば、$a \to 0$ の極限に相当し、「デバイ温度」は無限大である。つまり、空洞内の光子気体にとっては、あらゆる温度が「低温」であって量子効果を無視することができないわけである。量子論がこの問題を契機として誕生したのは、そのためだといえるかもしれない。

音波や電磁波が量子化されており、粒子性を示すということを前提として、逆に、地震波やテレビ電波をどのように理解したらよいだろうか？　説明の準備として、調和振動子の量子力学を復習することからはじめよう。固体中の音波にしろ空洞中の電磁波にしろ、いわゆるノーマルモード（基準振動）の重ね合わせとして表しておけば、各モードは調和振動子と見なせるからである。以下、特定のモードに注目し、モードを識別するためのラベルを省略する。

調和振動子の「座標」と「運動量」は、ωを角周波数として、次の形に表される。

$$\left.\begin{aligned} q&=\left(\frac{\hbar}{2\omega}\right)^{1/2}(be^{-\mathrm{i}\omega t}+b^{+}e^{\mathrm{i}\omega t}) \\ p&=\left(\frac{\hbar\omega}{2}\right)^{1/2}\mathrm{i}(b^{+}e^{\mathrm{i}\omega t}-be^{-\mathrm{i}\omega t}) \end{aligned}\right\} \quad (1)$$

b、b^{+}は互いにエルミート共役な「振幅」演算子であって、qとpが周知の交換関係を満足するためには

$$bb^{+}-b^{+}b=1 \quad (2)$$

であるとすればよい。この交換関係を使って、エルミート演算子 $b^{+}b$ の固有値が整数 $n=0, 1, 2, \ldots$であることを証明できる（証明は数学の話だから省略する）。固有値 n に対応する固有関数を、

ディラックの記法を使って、$|n\rangle$ と書こう。

$$b^+b|n\rangle=n|n\rangle \tag{3}$$

nはフォノンまたは光子の数という意味をもっている。一方、b、b^+はそれぞれ粒子を一個消したりつくったりする働きをもつ演算子である。

$$b|n\rangle=n^{1/2}|n-1\rangle,\quad b^+|n\rangle=(n+1)^{1/2}|n+1\rangle \tag{4}$$

コヒーレント状態

さて、これから考えるのは、粒子数nが1に比べて非常に大きく、したがって、注目しているモードの振動エネルギー $n\hbar\omega$ も非常に大きい場合である。やや乱暴な言い方をすれば、交換関係式（2）の左辺の各項が右辺の1よりはるかに大きく、したがって右辺を無視してよい場合である。bとb^+とは交換可能ということになり、つまり、演算子ではなくてただの複素数と見てよいわけである。同じことだが、式(4)で $n\pm1$ をnで近似すると考えてもよい。座標qに対する式(1)の表式は、$\cos\omega t$ に比例するマクロな振動を与える。しかし、これだけでは、位相定数を任意に選びうるという自由度がない。位相の自由度のあることがマクロな波動の最大の特色だから、もうひと工夫必要である。

そこで、粒子数nに「小さな」ゆらぎを許すことにしよう。Nを平均粒子数として

$$n=N+\nu,\ \nu=0,\ \pm1,\ \pm2,\ \cdots,\ \pm\frac{1}{2}\Delta n \qquad (5)$$

とおく。Δnが粒子数のゆらぎの大きさで、たとえば $\Delta n=N^{1/2}$ とする。ただし、平均粒子数は$N\gg N^{1/2}\gg1$ が成立するという意味でマクロな数であるとする。nの固定した状態の代りに、「n空間の波束」

$$|\theta>=\frac{1}{(\Delta n)^{1/2}}\sum_{\nu}\mathrm{e}^{i\theta\nu}|N+\nu> \qquad (6)$$

を考えてみる。ただし

$$\theta=\frac{2\pi}{\Delta n}l,\ l=0,\ \pm1,\ \pm2,\ \cdots,\ \pm\frac{1}{2}\Delta n \qquad (7)$$

である。固体電子論の読者には、式(6)はいわゆるワニエ変換にほかならない。なお、式(7)でlが1だけ違うθの差を$\Delta\theta$と書くと

$$\Delta\theta\cdot\Delta n=2\pi \qquad (8)$$

波束式(6)に演算子bを作用させ、式(4)を使い、$N^{1/2}$に対して1を無視する近似をすると

$$b|\theta>=\frac{1}{(\Delta n)^{1/2}}\sum_{\nu}\mathrm{e}^{i\theta\nu}(N+\nu)^{1/2}|N+\nu-1>\cong\mathrm{e}^{i\theta}N^{1/2}|\theta> \qquad (9)$$

つまり、波束式(6)に対して、演算子bは位相定数θをもつ複素数と見なすことができる。したが

って、式(1)の座標も cos $(\omega t-\theta)$ に比例するマクロな振動を与えることになる。

もともと量子論では、対象を粒子と見たときの粒子数と、振動と見たときの位相とは、不確定性関係式(8)で拘束された互いに共役な量なのであるが、注目しているモードが強く励起され、粒子数がマクロな大きさに達している場合には、粒子数がマクロ精度でNにほぼ確定し、位相も$2\pi N^{-1/2}$の精度でほぼ確定しているような波束が可能である。地震波、テレビ波、あるいはレーザー光は、すべてこのような状態にあると考えられる。これはマクロなスケールで位相の確立した状態であるので、「コヒーレント状態」ともよばれている。

11 物質のコヒーレント状態

前章は、テレビ波や地震波のようなマクロなスケールの波動を量子力学的に表示する方法として、コヒーレント状態の話をした。ある振動モードの粒子（光子またはフォノン）の数がマクロな大きさであるような高励起状態の場合には、粒子数も位相も実質上確定しているような波束を考えることができるという話であった。もちろん、そんな高励起状態に対しても、線形理論である量子力学がそのまま適用できると仮定しているわけである。歴史的経緯からすると、これは実はいわずもがなの仮定であって、ボーアやW・ハイゼンベルクは、高励起状態に対して量子論は古典論と漸近的に一致すべきこと（対応原理）を指導原理として量子力学をさぐりあてたのである。いま考えている例題の場合、高励起状態で古典物理学の電磁波や弾性波が再現できるのは当然であるし、古典物理学で知られていたこと以上に新しい物理がコヒーレント状態というコンセプトから出てくるはずがない。

物質のコヒーレント状態は可能か

そこで、ここではマクロな数の粒子が集まった、いわゆる凝縮物質を考えてみよう。この場合にも、物質の波動性がマクロなスケールで現われてくるという意味でのコヒーレント状態は可能であろうか？　可能だとしたら、この状態はどんな物理的特性を示すだろうか？　光の場合と違って、この二つの質問に対する答は自明でない。コヒーレント状態に対応するコンセプトが古典物理学に存在しないからである。

ここにいう波動は、ド・ブロイの意味の物質波であって、真空中に電子一個が存在する場合にも問題になる物質の基本的属性である。固体原子の集団運動である弾性波のような、凝縮物質中での み意味をもつ波動とはレベルが違う。そのように基本的なコンセプトであるにもかかわらず、物質波が古典物理学で知られていなかった理由は単純で、物質波の波動方程式にプランク定数があからさまに登場するからである。他方、光の場合には、光子の静止質量がゼロだという幸運のおかげで、波動方程式からプランク定数が脱落し、光はまず古典的な波動として、つまり、コヒーレント状態の形で、知られるようになったわけである。

したがって、もし物質波のコヒーレント状態が可能であるなら、そのマクロなふるまいを記述する方程式——光の場合でいえば古典電磁気学のマクスウェル方程式に対応するもの——にプランク定数があからさまに登場するはずである。この意味で、コヒーレント状態にある物質の示すマクロなふるまいは、「マクロな量子現象 (macroscopic quantum phenomena)」とよぶことができる。

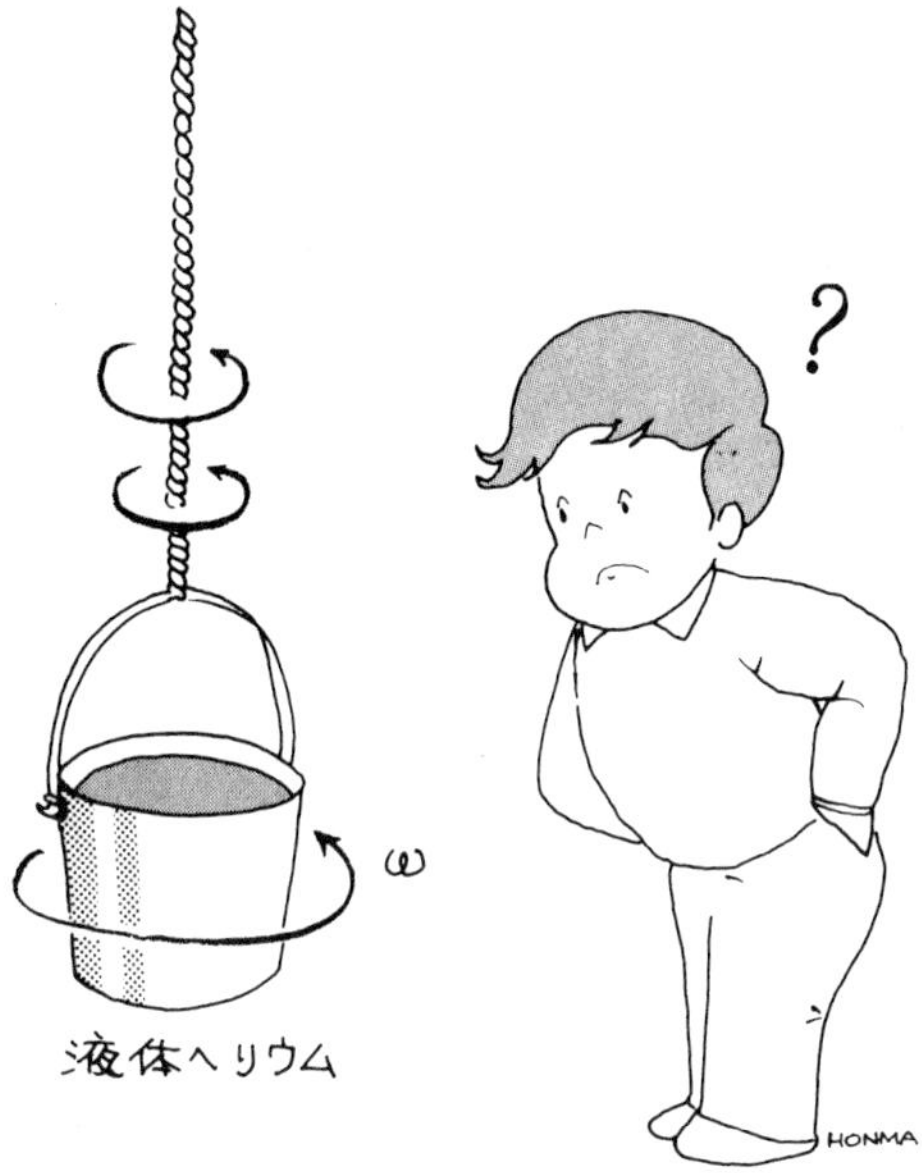

▲超流動状態はどうして物質のコヒーレント状態なのか？

もう一つの違いとして、レーザー光の場合、特定モードの光子を発振器でマクロな数をつくり出すのに対し、凝縮物質では、はじめからマクロな数の粒子を相手にできる一方、さまざまな運動モードへの粒子の分布を制御することはむずかしい。温度や圧力の制御を通じて、コヒーレント状態の出現を期待するほかない。コヒーレント状態にある物質の発見が遅れ、また、発見してもそれと気づくのが遅れたもう一つの理由が、ここにある。

超伝導と超流動

では、物質のコヒーレント状態とは具体的に何だろうか？　これも初めて聞く読者には驚きかもしれないが、固体電子系の超伝導状態、液体ヘリウム-4および液体ヘリウム-3の超流動状態が、これまでに確認されているコヒーレント状態の実例である。このほか、超流動液体ヘリウム-4にわずかに溶けたヘリウム-3の系や低温・強磁場でスピン偏極した水素原子の気体で超流動状態が期待されているから、やがて仲間入りするだろう。また、情況証拠でよければ、中性子星内部の中性子流体も超流動状態にあると推測されている。

それにしても、超伝導状態や超流動状態が、なぜに物質のコヒーレント状態なのだろうか？量子力学の基本であるシュレーディンガー方程式を発見したとき、シュレーディンガーは、自分の導入した波動関数ψが物質波そのものを表し、物質は密度$\psi^*\psi$で空間に連続的に分布していると考えた。この素朴なイメージは、いうまでもなく、物質の示す粒子性と両立しない。周知の通り、その後に確立された正統的解釈によると、ψはもっと抽象的な確率振幅であり、$\psi^*\psi$は粒子が空間の各点に見出されることの確率密度を与えるわけである。

ただし、シュレーディンガーの素朴なイメージが許される例外的な場合が一つある。同種のボース粒子（ボソン）N個をふくむ気体を考え、これらの粒子がみな同一の波動関数ψで表される状態にあるとすると、$N\psi^*\psi$は粒子数密度の期待値、つまり、マクロな粒子密度nを与えることになる。あるいは、$\Psi = N^{1/2}\psi$と書くと

$$n = |\Psi|^2 \quad (1)$$

同様に、mをボース粒子の質量として

$$\boldsymbol{j} = \frac{\hbar}{2mi}(\Psi^* \nabla \Psi - \Psi \nabla \Psi^*) \quad (2)$$

は、量子力学のテキストに書いてある抽象的な確率の流れではなく、マクロな粒子流密度を与える。

ここに現れたΨは、一方では量子力学的波動関数でありながら、他方では式(1)、(2)のようなマクロな粒子密度、粒子流密度を与える量であるので、「マクロ波動関数」とよばれることがある。また、いま仮定しているように、同一の状態をマクロな数のボース粒子が占拠しているとき、ボース-アインシュタイン凝縮（Bose-Einstein condensation, 略してBEC）が起こっているという。統計力学の用語でいえば、ΨはBECを特徴づける「秩序パラメーター（order parameter）」である。

Ψを絶対値と位相にわけて

$$\Psi = n^{1/2} e^{i\theta} \quad (3)$$

と書き、式(2)に代入すると

$$\boldsymbol{j} = n\boldsymbol{v} \quad (4)$$

$$\boldsymbol{v}=\frac{\hbar}{m}\nabla\theta \qquad (5)$$

となる。$\boldsymbol{v}$はマクロな流速である。また、位相が波長λで直線的に変化している場合には、式(5)は周知のド・ブロイの関係式 $mv=2\pi\hbar/\lambda$ を与える。

さて、式(5)のようなマクロな流速場の特徴は何だろうか？ まず、スカラーθの勾配であるから

$$\nabla\times\boldsymbol{v}=0 \qquad (6)$$

つまり、局所的な回転の禁じられた流れである。したがって、通常の粘性流体のように、容器の壁に付着し、壁から離れるにしたがって壁に平行な流速が増すというパターンをとることができない。このような流体をバケツに入れ、バケツを回転させても、少なくとも回転角速度ωが小さい間は、流体は静止したままであろう。つまり、流体は粘性を示さないわけで、これが超流動性にほかならない。

渦の量子化

ところで、回転バケツ中の流体の場合、平衡が成立したときに極小値をとるのは、エネルギー$\boldsymbol{E}$ではなく、$\boldsymbol{L}$を流体の角運動量として、ギブス・ポテンシャル $G=E-\omega L$ である。したがって、ωがある程度大きくなれば、われわれの超流体も角運動量をもつことになろう。

条件式(6)を破らずに角運動量をもつには、渦糸 (vortex line) が流体中に発生すればよい。つまり、回転軸に平行な直線に沿って真空の穴があき、そのまわりに流体が回転運動するのである。この場合、式(5)のθは穴のまわりを一周するごとに2πの整数倍だけ値が変化する無限多価関数であり、マクロ波動関数式(3)は、粒子が穴のまわりに$\hbar$の整数倍の角運動量をもつ状態に対応するものになる。角運動量が$\hbar$の整数倍に量子化されることは量子力学の常識であるが、いま重要なのは、この量子化がBECによってマクロなスケールに増幅されることである。実際、渦糸を中心とするマクロな半径の円周に沿って式(5)を積分すれば、νを整数として

$$\oint \boldsymbol{v}\cdot d\boldsymbol{l}=\frac{2\pi\hbar}{m}\nu \tag{7}$$

左辺は古典流体力学で循環 (circulation) とか渦度 (vorticity) とよばれているマクロな量であり、それがご覧のようにミクロな定数 $2\pi\hbar/m$ の整数倍に量子化されるのである。これを「渦の量子化」とよぶ。以下 $\nu=1$ の場合を考える。

式(7)から、$\nu=1$ として、渦糸のまわりの流速を求め、これに伴う運動エネルギーおよび角運動量を計算すると、渦糸の単位長さあたりのギブス・ポテンシャルが次のように得られる。

$$G=\frac{\pi\hbar^2 n}{m}\ln\frac{R}{\xi}-\hbar n\pi R^2\omega \tag{8}$$

ただし、Rはバケツの半径、ξは真空の穴の半径であり、渦糸はバケツの中心付近にあるとしてお

く。式(8)によると、ωが臨界値

$$\omega_{c1}=\frac{\hbar}{mR^2}\ln\frac{R}{\xi} \qquad (9)$$

を越えると、渦糸が発生することになる。

以上のような超流動の特性は、臨界温度二・一七K以下の液体ヘリウム-4で実際に観測されている。

前章の話と関係づけるには、いわゆる第二量子化の形式を採用する方がよい。つまり、$\psi(\boldsymbol{x})$を確率振幅と見なす代りに、物質波そのものを表す量だと見なすのである。ただし、この波動は量子化されていて、$\psi(\boldsymbol{x})$は空間の各点$\boldsymbol{x}$で定義された量子力学的な演算子と考える必要がある。

ボース粒子というイメージと関係づけるには、

$$\psi(\boldsymbol{x})=V^{1/2}\sum b_{\boldsymbol{k}}\,e^{i\boldsymbol{k}\cdot\boldsymbol{x}} \qquad (10)$$

のように平面波の重ね合わせの形に表すとよい（Vは系の体積）係数$b_{\boldsymbol{k}}$が演算子であって、$\boldsymbol{k}$は運動モードを区別するラベルである。ラベルの異なる演算子はお互いに交換可能であり、ラベルの同じ演算子については、前章の交換関係式(2)が成立する。したがって、演算子 $b^+_{\boldsymbol{k}}b_{\boldsymbol{k}}$ の固有値$n_{\boldsymbol{k}}$は整数0、1、2、…になる。これが運動量$\hbar\boldsymbol{k}$のボース粒子の個数を表すのである。

特定のモード、たとえば $\boldsymbol{k}=0$ のモードにあるボース粒子の個数がマクロな数N_0になっているとして、前章のコヒーレント状態式(6)を考えれば、前章の式(9)により、演算子b_0の量子力学的な

期待値は

$$\langle b_0\rangle=\langle\theta|b_0|\theta\rangle=N_0^{1/2}e^{i\theta} \tag{11}$$

となる。したがって、式(10)から

$$\langle\psi(\boldsymbol{x})\rangle=\left(\frac{N_0}{V}\right)^{1/2}e^{i\theta} \tag{12}$$

これをマクロ波動関数式(3)と見なすことができる（ただし、nもθも定数の場合）。

もっとずばり言えば、物質のコヒーレント状態は、物質波の演算子式(10)の期待値

$$\Psi(x)=\langle\psi(\boldsymbol{x})\rangle \tag{13}$$

が0でない値をもつことで特徴づけられるのである。

12　超伝導とシュレーディンガーの猫

超伝導のマイスナー効果

前章で物質のコヒーレント状態と超流動の関係について述べたが、荷電物質がコヒーレント状態にある状態にある場合には、超流動の代りに超伝導が問題になる。また、超流動の場合の回転に対応して、超伝導の場合には磁場が問題になる。そのさい、物質の波動性を考慮に入れると、磁場が荷電物質におよぼす作用を記述する量として磁束密度$\boldsymbol{B}$でなく、$\boldsymbol{B}=\nabla\times\boldsymbol{A}$で定義されるベクトルポテンシャル$\boldsymbol{A}$が必要になる。

電磁気学で知られている通り、$\boldsymbol{A}$にはゲージ変換の自由度がある。fを任意のスカラーとして

$$\boldsymbol{A} \to \boldsymbol{A} + \nabla f \qquad (1)$$

と変換しても物理的状況は変わらない。ただし、それと同時に、量子力学的な波動関数の位相にも適当なゲージ変換を施す必要がある。荷電物質のコヒーレント状態を記述するマクロ波動関数が前章の式(3)の形であるなら、位相が

$$\theta \to \theta - (e^*/\hbar) f \qquad (2)$$

のように変換される。e^*は「凝縮粒子」の電荷である。

一方、マクロな流速 $\boldsymbol{v}$ やそれに伴う電流密度 $\boldsymbol{j} = ne^* \boldsymbol{v}$ はゲージ変換に対して不変であるべきで、それには前章の式(5)の $\nabla \theta$ を $\nabla \theta - (e^*/\hbar) \boldsymbol{A}$ で置き換えればよい。電流密度で書けば

$$\boldsymbol{j} = ne^* \frac{\hbar}{m} \left(\nabla \theta - \frac{e^*}{\hbar} \boldsymbol{A}\right) \qquad (3)$$

凝縮粒子密度 n を定数と見なしてよい場合には、両辺に $\nabla\times$ を演算することによって、前章の式（5）に対応する次の式が得られる。

$$\mu_0 \lambda^2 \nabla \times \boldsymbol{j} = -\boldsymbol{B} \qquad (4)$$

ただし $\lambda = [m/\mu_0 n e^{*2}]^{1/2}$ は磁束侵入長とよばれる。式(4)とアンペールの法則を組み合わせると、超伝導の基本特性であるマイスナー効果、つまり、厚さλの表面層以外ではいたるところ$\boldsymbol{B}=0$ であることが導かれる。このマイスナー効果は、マクロ波動関数のゲージ変換式(2)からの直接的帰結であることを強調しておこう。

もっと一般に、前章の超流動における渦の量子化式(7)に対応して、次の量子条件を式(3)から導くことができる。

$$\oint_C (\boldsymbol{A}+\mu_0\lambda^2\boldsymbol{j})\cdot d\boldsymbol{l}=\nu\Phi_0 \qquad (5)$$

$\boldsymbol{\nu}$ は整数であり、

$$\Phi_0=2\pi\hbar/|e^*| \qquad (6)$$

は磁束の次元をもつ定数である。式(5)の左辺の線積分は「フラクソイド」とよばれ、積分路Cの連続変形に対し不変である。したがって、連続変形によって一点に縮めることのできるCに対しては $\nu=0$ である。系が単一連結領域であれば、任意の閉曲線Cがこのタイプになり、つねに $\nu=0$ となる。これは完全なマイスナー状態にほかならない。系が多連結領域であり、凝縮粒子密度 n が0である「穴」をふくむ場合には、穴のまわりを一周するCに対して $\nu\neq0$ であってよい。

たとえば、系が中空円筒形であり、中空部分に軸方向の磁場が存在する場合を考えてみるとよい。円筒の厚みがλよりずっと大きければ、その内部で $\boldsymbol{B}=0, \boldsymbol{j}=0$ であるが、中空部分に磁束が存在するために $\boldsymbol{A}\neq0$ である。実際、このような内部に積分路Cをえらべば、式(5)の左辺は $\boldsymbol{A}$ の線積分、つまり、Cのとりかこむ磁束に等しい。この磁束がΦ_0の整数倍に量子化されているのである。

回転バケツにいれた超流体の場合と同様に、単一連結系に外部磁場を加えた場合にも、$n=0$ で

▲シュレーディンガーの猫は死んでいた？

ある直線状の穴が「自発的に」系内に発生し、そのまわりに環状電流が流れて磁束が存在する可能性がある。この場合、穴の半径を決めているのは「コヒーレンス長」とよばれるパラメーターξであり、ξより短い距離の間にマクロ波動関数がその値をいちじるしく変えることはできないのである。超伝導体はξがλより大きいか小さいかによって第一種と第二種に分類され、渦糸状態が出現するのは第二種の場合であることが知られているが、ここでは立ち入らない。

いずれにしても、系のトポロジーに敏感なことは超伝導（および超流動）の特色である。

クーパー・ペア

ところで、具体的に問題になるのは、いうまでもなく導体中の電子系であるが、これまでに発見されている大部分の超伝導体の場合、逆向きスピンの電子が二個ずつペア（クーパー・ペア）になって凝縮を起こし、凝縮ペアは内部自由度をもたない状態になっている。いわゆる第二量子化の形式を採用し、空間の点 $\boldsymbol{x}$ におけるスピン σ の電子の消滅演算子を $\psi_\sigma(\boldsymbol{x})$ と書くことにすると、前章の式(13)に対応するマクロ波動関数は

$$\Psi(\boldsymbol{x}) = \langle \psi_\uparrow(\boldsymbol{x})\,\psi_\downarrow(\boldsymbol{x}) \rangle \qquad (7)$$

であたえられる。電子の電荷を $-e$ とすると、ゲージ変換式(1)にさいして Ψ は $\exp[-ef/\hbar]$ 倍されるから、この場合、式(2)で $e^* = -2e$ となり、磁束量子式(6)は $(2\pi\hbar/2e) \cong 2\times10^{-15}$ ウェーバーである。

ペアの形成には電子間に引力の働くことが必要であるが、多くの場合、電子がフォノンを交換することによって生ずる短距離引力がクーロン反発力に打ち勝って、上述のような内部自由度のないペアが形成される。しかし、引力のメカニズムはこれに限るわけではない。事実、重い電子系とよばれる導体のある種のものや、(これは超伝導体でなく超流体ではあるが)液体ヘリウム-3では、平行スピンのペア凝縮が起こる。

一方、最近発見された酸化物高温超伝導体では、以上に述べたいわゆるBCSメカニズムとは異なるメカニズムで超伝導が起こっていると思われる。一番単純なモデルとして、平面正方格子点に並んだ銅原子に一個ずつ電子がある状態を考える。同一原子上に二個電子がくると強いクーロン反発が働くために、電子は各サイトに局在しているのである。この系はもちろん絶縁体であり、各サイトに生き残っている電子スピンは、上下に積み重なった銅平面の間の三次元的な相互作用を考えに入れると、低温で反強磁性状態になる。

超伝導は、アクセプターを導入して、何パーセントかの銅原子から電子を奪って「穴」をつくったときに、はじめて可能になる。「穴」は結晶中を動き、$+e$の電荷を運び、また、スピンの反強磁性的秩序を破壊する。しかし、半導体の価電子バンドに生ずる正孔や、「ディラックの負エネルギー電子の海」に生ずる空孔（つまり陽電子）とは異なる新しいコンセプトであり、「ホロン」とよばれている。実際、二個のホロンがサイトを交換しても電子系の波動関数は不変だからフェルミ粒子ではないし、同じサイトに二個のホロンをつくることは無意味であるから、ボース粒子でもない。

このようなホロンの気体は、どんな凝縮状態をとるのか？　この凝縮状態にとりかこまれた磁束は量子化されるであろうが、この場合、磁束量子式(6)のe^*は$+e$であるか、$+2e$であろうか？　これは酸化物高温超伝導体の発見によって提起されたマクロな系の量子力学の基本課題であり、確答はまだ得られていない。

ジョセフソン接合

さて、超流動や超伝導、マクロな物理量である渦度や磁束がプランク定数に比例するミクロな単位で量子化されているという意味で、マクロな量子現象であるにはちがいない。他方、これまで考えてきたのは、粒子数nも位相θも実質上確定していると見てよいコヒーレント状態（n空間の波束）であり、10章の不確定性関係式(8)を気にしなくてよい。その意味では、時計の振り子の振動と同様に古典的なのである。

ただし、厚さがナノメートル程度の絶縁薄膜（マイクロブリッジ、ポイントコンタクト、あるいは真空間隙でもよい）を二つの超伝導体ではさんだ「ジョセフソン接合」は例外である。この場合には、両側の超伝導体のクーパー・ペアの位相の差θが問題になる。クーパー・ペアはトンネル効果によって接合を透過し、これにともなって超伝導電流

$$I=I_c\sin\theta \tag{8}$$

が接合を流れるのである。I_cはトンネル透過率に比例する接合固有の定数である。また、両側の超伝導体に電位差Vがあるとき、位相差θは

$$\frac{d\theta}{dt}=\frac{2e}{\hbar}V \tag{9}$$

にしたがって加速される。クーパー・ペアが接合を通過すれば $2eV$ だけ静電エネルギーが変化するのであるから、式(9)はエネルギーと周波数に関するド・ブロイの式（あるいはハイゼンベルクの運動方程式）として理解することができる。

接合を容量Cのコンデンサーと見なし、その電荷 V/C を $2en$ と書けば、nがθと共役な粒子数ということになる。実際、ハミルトニアンは

$$H_J=\frac{1}{2M}p_\theta{}^2+\frac{\Phi_0}{2\pi}I_c(1-\cos\theta) \tag{10}$$

となる。ここで

$$M=\left(\frac{\Phi_0}{2\pi}\right)^2 C \quad および \quad p_\theta=\frac{\Phi_0}{2\pi C}V \qquad (11)$$

である。このようにすれば、正準方程式として式(8)、(9)が得られる。式(10)は古典力学における実体振り子のハミルトニアンと同形であり、Mが慣性モーメント、$(\Phi_0 I_c/2\pi)\equiv U$ が重力ポテンシャルに対応している。ただし、これらのパラメーターはミクロな値をもっていることが、ジョセフソン接合の大きな特色であり、このためにマクロなトンネル電流Iやバイアス電圧Vの「量子力学的」ゆらぎが観測できるのである。

たとえば、$I_c\cong 10^{-5}$アンペア、$C\cong 10^{-11}$ファラッドとすると、$M\cong 10^{-42}$キログラム・平方メートル、$U\cong 0.1$電子ボルトになる。「回転角」θが小さいときの調和振動の周波数$\omega_J=[U/M]^{1/2}$は約10^{11}ヘルツ、零点振動エネルギーは温度に換算して約一ケルビンである。したがって、このような接合をミリケルビン温度に冷せば、零点振動による○・一π程度のゆらぎ$\Delta\theta$が、「ノイズ」として観測されることになる。

接合に外部電源をつないで臨界電流値I_c以下の定電流を流すことは、実体振り子に外部トルクを加えて振れの角θを臨界角$\pm\pi$以下の一定値に保つことに相当する。しかし、外部電流が臨界値I_cに近い場合には、ポテンシャル障壁をトンネル効果によって透過し、θがπをこえてスリップしてしまう可能性がある。その結果、式(9)にしたがって電圧が現れる。この種の現象をマクロなトンネル効果（macroscopic quantum tunneling, MQT）とよび、観測結果は量子力学的な計算結果とよく一致している。

MQTとMQC

現実の実体振り子で摩擦が無視できないのと同様に、ジョセフソン接合でも散逸過程がある。そのミクロなメカニズムは必ずしも十分に明らかになってはいないが、通例、接合に並列に挿入したオーム抵抗で現象論的に記述する（実体振り子の場合、回転速度に比例する抵抗を導入するのと等価である）。この並列抵抗は、トンネル効果を減少させることが理論的に示されており、観測結果も計算結果と一致している。

ＭＱＴに関する実験および理論の成功は、ジョセフソン接合の電流、電圧が、マクロな量であるにもかかわらず、量子力学にしたがって変動することを明らかにした点で、画期的である。しかし、シュレーディンガーが有名な猫のパラドックスの形で提起した質問「猫の生きている状態と死んでいる状態のように、マクロに見て異なる二つの状態の重ね合わせは可能か？」には答えていない。もし答がイエスであるなら、「観測装置はマクロであり、したがって量子力学的干渉効果を起こさない」とする従来の観測理論は、少なくとも単純素朴過ぎることになろう。

シュレーディンガーの質問に対する答は、いわゆるｒｆ-ＳＱＵＩＤにトラップされた磁束の変動を追求することによって得られると考えられている。これは超伝導リングに一か所切れ目を入れてジョセフソン接合にしたものと思えばよく、そこでの位相の不連続なとびθとリングにトラップされた磁束Φとの間に、νを整数として

$$\Phi = \Phi_0\left(\frac{\theta}{2\pi} + \nu\right) \tag{12}$$

の関係があるので、θの代りにΦを力学変数と見てもよい。ただし、Φは外部からあたえられた磁束Φ_{ex}とリングに沿って流れる超伝導電流自身のつくる磁束の和であることに注意する必要がある。後者にともなう磁気エネルギーを加えて、Φに対するポテンシャルエネルギーは次の形になる。

$$U(\Phi) = U(1 - \cos\frac{2\pi\Phi}{\Phi_0}) + \frac{1}{2L}(\Phi - \Phi_{ex})^2 \tag{13}$$

Lはリングの自己インダクタンスである。

たとえば$\Phi_{ex} = (1/2)\Phi_0$で$\alpha = (\Phi_0/2\pi LI_c)$が1よりわずかに小さいとき、式(13)は$\Phi = \Phi_{ex}$に障壁をもつ左右対称な二重井戸型ポテンシャルをあたえる。磁束Φが左側の井戸に局在している量子力学的状態を$|a\rangle$、右側の井戸に局在している量子力学的状態を$|b\rangle$と書くと、ハミルトニアンの固有状態は

$$|a\rangle \pm |b\rangle \tag{14}$$

であたえられる。$|a\rangle$、$|b\rangle$は磁束の値の違いによってマクロに区別できる状態であるから、SQUIDで式(14)を実現できるならば、シュレーディンガーの質問に対する答は「イエス」ということに

なる。

実際には、たとえば $t=0$ に $|a\rangle$ にあるSQUIDを用意し、磁束の時間的変動を（途中で撹乱することなく）観測すればよい。式(14)が本当なら、この二つの状態のエネルギー差をプランク定数で割った周波数で磁束が振動するはずである。これをマクロなコヒーレンス現象（macroscopic quantum coherence, MQC）とよぶ。

MQCを観測する

これまでのところ、MQCの観測に成功した実験例はないが、散逸過程を十分に抑え込むことができないためである。量子力学の教える通り、$t=0$ に状態を用意して以後、次に磁束を観測する時刻 t までSQUIDと外部回路のカップリングを切っておいても、磁束あるいは位相差はSQUID自体のミクロな自由度とカップルしており、これが「観測による撹乱」と同様の効果を表していると考えられる。ただし、この撹乱は制御可能であり、前に述べた等価並列抵抗を大きくすればよい。

微細加工技術、高感度測定技術の進歩にともなって、やがてMQCの観測に成功する日がやってくるであろう。それによって、量子力学の発展史に新たな一ページが加わることは確かである。

あとがき

エネルギー量子の発見は、二〇世紀がまさにはじまろうとする一九〇〇年のことでした。いまや二〇世紀の世紀末を迎えようとしていますが、量子力学の影響は、ボディブローのように、あらゆる方面に、徐々に、気がついているよりも深く、ひろがりつつあります。

そもそもの出発の場所であったミクロの領域はもとより、マクロの領域や宇宙論など、ほとんどあらゆる分野に、量子力学特有の現象が、キーポイントとなって現れています。

量子力学ができてから六五年たちます。ほとんどの新理論は、これほどの年数がたたないうちに、重要な発展を終えるか、あるいはその後の発展のだいたいの見極めがつくものです。しかし、量子力学については、今後、ますます広い領域でさらに重要になることが予想されますし、むしろ、初期に考えられた以上に、革命的な内容を持つことが、最近、いっそうはっきりしつつあるといえます。

量子力学が明らかにした自然の深いあり方は、それまで人類が想像もしなかったもので、私たちの常識に反する面を持っています。このことは、人類が自然を非常に深く認識しはじめたことを意味し、また、それは文化のあらゆる方面に大きな影響を与えるはずですから、量子力学の考え方を、なるべく多くの人が理解することが望まれます。

そのために多くの教科書があり、また、いろいろなレベルの解説書が既にたくさん出ています。ここで、また一冊の本を加えるのは「いまさら？」という感じを与えるかも知れませんが、量子力学の基本的な部分の理解は、理論的にも実験的にも、最近、急速に進歩し、いまは、応用面への新しい展望もふまえて、新しい段階へ進もうとしているように思われます。

本書では、量子力学の、最近発展しつつある、重要ないくつかの面の基本的な問題をとり上げ、その意味を明らかにすることを通じて、なるべく数式に依存しないで、量子力学と古典物理学との違いをうきぼりにすることを試みました。その中には、アインシュタイン・ポドルスキー・ローゼンのパラドックスをめぐる問題、近年の高度な技術的発展が可能にした、中性子のスピン波動関数が三六〇度でなく、七二〇度だけ空間を回転したときに元の値に戻ることとの実験的証明、そして、最近、高温超伝導など思いがけない発展を見せつつある、マクロ量子効果の基礎の問題などが含まれています。これから量子力学を学ぼうとする人にも、一つのパノラマ図のように、あるいはガイドブックのように役立てばと思います。

なお、この本の内容は、一九八七年四月から一九八八年三月にかけて物理科学雑誌『パリティ』に連載されたものです。執筆の分担は、1〜3章は町田茂、4〜9章は原康夫、10〜12章は中嶋貞雄となっています。

一九九〇年七月

町田　茂

著者の略歴

町田　茂（まちだ・しげる）
京都大学名誉教授。理学博士。1949年東京大学理学部卒業。主な著書は「基礎量子力学」（丸善出版），「現代科学と物質概念」（青木書店，共著）等。

原　康夫（はら・やすお）
筑波大学名誉教授。理学博士。1962年東京大学大学院数物系研究科博士課程修了。1977年仁科記念賞受賞。著書は「量子力学」（岩波書店）等多数。

中嶋　貞雄（なかじま・さだお）
東京大学名誉教授。理学博士。1945年東京帝国大学卒業。主な著書は「マクロ量子現象」（講談社），「超伝導」（岩波書店），「超伝導入門」（培風館）等。

［新装復刊］

パリティブックス　いまさら量子力学？

平成 29 年 11 月 20 日　発　行

著作者　町　田　　　茂
　　　　原　　　康　夫
　　　　中　嶋　貞　雄

発行者　池　田　和　博

発行所　丸善出版株式会社
〒101-0051 東京都千代田区神田神保町二丁目17番
編集：電話(03)3512-3267／FAX(03)3512-3272
営業：電話(03)3512-3256／FAX(03)3512-3270
http://pub.maruzen.co.jp/

組版印刷・製本／藤原印刷株式会社

ISBN 978-4-621-30220-0　C 3342　Printed in Japan

『パリティブックス』発刊にあたって

『パリティ』とは、我が国で唯一の、物理科学雑誌の名前です。この雑誌は一九八六年発刊され、高エネルギー（素粒子）物理、固体物理、原子分子・プラズマ物理、宇宙・天文物理、地球物理、生物物理などの広範な分野の物理科学をわかりやすく紹介した解説・評論記事、最新情報を速報したニュース記事、さらにそれらの話題を掘り下げたクローズアップ、科学史、科学エッセイ、科学教育などが加えられ構成されています。

この『パリティブックス』は、『パリティ』誌に掲載された科学史、科学エッセイ、科学教育に関する内容などを、精選・再編集した新しいシリーズです。本シリーズによって、誰でも気楽に物理科学の世界を散歩できるようになることと思います。

また、本シリーズには、新たに「パリティ編集委員会」の編集によるオリジナルテーマも随時追加されていきます。電車やベッドのなかでも気楽に読める本として、皆さまに可愛がっていただければ嬉しく思います。

ご意見や、今後とりあげるべきテーマに関するご要望などがあれば、どしどし編集委員会までお寄せください。

『パリティ』編集長　大槻義彦